DK 621.039:308(·77)

FORSCHUNGSBERICHTE
DES LANDES NORDRHEIN-WESTFALEN

Herausgegeben durch das Kultusministerium

Nr. 870

Forschungsinstitut für Internationale Technische Zusammenarbeit
an der Rheinisch-Westfälischen Technischen Hochschule Aachen
(F. I. Z.)

Dipl.-Phys. Manfred Siebker

Die Möglichkeiten der Atomkerntechnik
für die beschleunigte wirtschaftliche Entfaltung
von Entwicklungsländern

Als Manuskript gedruckt

WESTDEUTSCHER VERLAG / KÖLN UND OPLADEN

1960

ISBN 978-3-663-03467-4　　ISBN 978-3-663-04656-1 (eBook)
DOI 10.1007/978-3-663-04656-1

Gliederung

Vorwort . . . . S. 5

Einleitung . . . . S. 7

1. Der Begriff des Entwicklungslandes . . . . S. 8
   1.1 Schwierigkeiten der Definition . . . . S. 8
   1.2 Nationaleinkommen, Sozialprodukt und Energieerzeugung . S. 9
   1.3 Entwicklungsstand und Bevölkerungspotential
       der Großräume . . . . S. 10

2. Die Beurteilungskategorien für Entwicklungsländer . . . . . S. 15
   2.1 Vorbemerkungen und Aufzählung der Kategorien . . . . S. 15
   2.2 Bemerkungen zu den einzelnen Kategorien . . . . S. 16

3. Die Arten der Kernenergienutzung . . . . S. 22
   3.1 Der Gesamtaspekt der Nuklearindustrie . . . . S. 22
   3.2 Kernreaktornutzung am Reaktorstandort . . . . S. 23
       3.21 Anwendungen der Wärme . . . . S. 23
       3.22 Anwendung zum Erzeugen mechanischer Energie . . . . S. 28
           3.221 Fahrzeugantrieb . . . . S. 28
           3.222 Nukleare Pumpstationen . . . . S. 31
       3.23 Anwendung zum Erzeugen elektrischer Energie . . . . S. 32
           3.231 Die Kraftwerksreaktoren . . . . S. 32
           3.232 Die Stromerzeugungskosten und ihre
                Einflußgrößen . . . . S. 40
                3.2321 Feste Kosten . . . . S. 40
                3.2322 Brennstoffkosten . . . . S. 48
                3.2323 Die Gesamtkosten der kWh . . . . S. 54
       3.24 Direkte Nutzung der Spaltungsenergie und der
           Strahlung am und im Reaktor . . . . S. 57
           3.241 Chemie-Kernreaktoren mit Benutzung der
               kinetischen Kernfragmentgesamtenergie . . . . S. 57
           3.242 Kernreaktoren als Strahlenquelle . . . . . . S. 59
           3.243 Anwendungsmöglichkeiten starker Strahlen-
               quellen . . . . S. 60
   3.3 Indirekte Anwendungen der Kernreaktoren . . . . S. 69
       3.31 Anwendungen von durch Neutroneneinfang
           erzeugten Radio-Isotopen . . . . S. 69
       3.32 Anwendungen von Spaltprodukten . . . . S. 71
   3.4 Friedliche Anwendungen von Kernexplosionen . . . . S. 73

    3.41 Ausschachtungsarbeiten . . . . S. 74
    3.42 Untergrundaufschließung . . . . S. 76
    3.43 Wärmeanwendungen . . . . S. 78

4. Die Anwendungsmöglichkeiten der beschriebenen Kernenergienutzungsarten auf Entwicklungsländer . . . . S. 81
  4.1 Der Gesamtaspekt der Nuklearindustrie . . . . S. 82
  4.2 Kernreaktornutzung am Reaktorstandort . . . . S. 84
    4.21 Anwendungen der Wärme . . . . S. 84
    4.22 Anwendung zum Erzeugen mechanischer Energie . . . S. 86
    4.23 Anwendung zum Erzeugen elektrischer Energie . . . S. 87
  4.3 Indirekte Anwendungen der Kernreaktoren . . . . S. 97
  4.4 Friedliche Anwendungen von Kernexplosionen . . . . . . S. 97

5. Bisherige Tätigkeit und Planung bzw. Aussichten auf dem Gebiet der Atomkerntechnik in einigen Entwicklungsländern . . . . S. 98

6. Die Stellung der hochindustrialisierten Länder zu den Bestrebungen der Entwicklungsländer auf dem Gebiet der Atomtechnik . . . . S. 110
  6.1 Die Aufgaben und die Tätigkeit internationaler Organisationen . . . . S. 111
    6.11 Das Technische Hilfsprogramm der Vereinten Nationen . . . . S. 111
    6.12 Die Internationale Atomenergie-Agentur (IAEA) . . S. 111
    6.13 Die Internationale Bank für Wiederaufbau und Entwicklung (IBRD) . . . . S. 113
    6.14 Die Interamerikanische Kernenergiekommission . . . S. 114
    6.15 Das Asiatische Kernzentrum . . . . S. 114
  6.2 Die allgemeine Haltung einzelner Industriestaaten . . . S. 115
    6.21 USA . . . . S. 115
    6.22 Vereinigtes Königreich (UK) . . . . S. 116
    6.23 UdSSR . . . . S. 116

7. Folgerungen für die deutsche Industrie . . . . S. 117

Literaturverzeichnis . . . . S. 124

Anhang . . . . S. 133

Vorwort

Auf der ersten IAEA-(Internationale Atomenergie-Behörde) Konferenz im Oktober 1957 in Wien wurden zehn neue Mitgliedsnationen des Rates der Gouverneure gewählt. Diese neuen Ratsmitglieder wurden nahezu ausschließlich von Repräsentanten der Entwicklungsländer gestellt. Nichts demonstriert so sehr das Interesse der Entwicklungsländer an den Problemen der Atomkerntechnik wie diese Wahl. Die Gouverneure der IAEA haben am 17. April 1959 beschlossen, technische Missionen nach den Entwicklungsländern, u.a. der VAR, Burma, Brasilien usw., zu senden. Jedoch ist die zunächst sehr optimistische Beurteilung der Möglichkeiten der Kerntechnik für die Entwicklungsländer einer wesentlich skeptischeren Haltung gewichen.

Das Forschungsinstitut für internationale technische Zusammenarbeit an der Technischen Hochschule Aachen hat deshalb Herrn Dipl.-Physiker Manfred SIEBKER beauftragt, die verschiedenartigen Anwendungsmöglichkeiten der Atomkerntechnik aufzuzeigen und auf ihre Bedeutung für die wirtschaftliche Entfaltung der Entwicklungsländer hinzuweisen.

D.H. SCHWENCKE
Institutsleiter

Einleitung

Diese Arbeit hat das Ziel, die verschiedenartigen Nutzungsmöglichkeiten der Atomkerntechnik aufzuzeigen und im Hinblick auf ihr wirtschaftliches Potential in Entwicklungsländern zu analysieren. Weiterhin soll in großen Zügen ein Überblick über den jetzigen Ausbaustand dieser Gebiete gegeben werden, verbunden mit einer Kritik an den von Land zu Land unterschiedlichen ökonomischen Einflußgrößen.

Obwohl sich das Schlußkapitel speziell mit Folgerungen für die deutsche Industrie befaßt, ist im übrigen Teil der Arbeit Wert darauf gelegt worden, daß auch interessierten Kreisen der Entwicklungsländer selbst eine möglichst umfassende und objektive Übersicht über die realen Fundamente der oft weitgespannten Hoffnungen auf die Kerntechnik gegeben wird. Daß das Ergebnis der vorliegenden Untersuchung in vielen Fällen diese Hoffnungen für die nächste Zukunft dämpft, liegt in der Natur der Sache und ist als Erkenntnis genauso von Wert, wie eine positive Beurteilung es wäre.

Die Besprechung der grundsätzlichen Einsatzmöglichkeiten der Atomkerntechnik (Hauptabschnitt 3) ist im übrigen nicht nur für Entwicklungsländer, sondern auch für hochentwickelte Industrieländer gültig.

Aachen, August 1959.

1. Der Begriff des Entwicklungslandes

1.1 Schwierigkeiten der Definition

Die Frage, "Was ist ein 'entwicklungsfähiges Land?'", beantwortete der indische Wissenschaftler Dr. BHABHA anläßlich der 2. Genfer Atomkonferenz so:

> "Ein Land wird entwicklungsfähig genannt, wenn der Lebensstandard eines Volkes niedrig ist verglichen mit demjenigen, der durch eine Produktion erhalten werden kann, die dem gegenwärtigen Stand von Wissenschaft und Technik entspricht. Eine quantitative Angabe des Lebensstandards ist das Einkommen pro Kopf der Bevölkerung[1]."

Diese Definition ist vager, als man zunächst annehmen sollte. Bereits die Frage nach dem Einkommen pro Kopf ist nicht exakt zu beantworten. Zahlen sind zwar zu erhalten, ihre wirkliche Bedeutung ist aber aus mehreren Gründen schwer zu bestimmen:

a) die Währungen sind zumeist nicht frei konvertierbar;

b) die Dinge, die sich der Einzelne für sein Geld kaufen möchte, sind (auch nach dem statistischen Mittel) von Volk zu Volk sehr verschieden;

c) die Preise für Ernährung, Industrieerzeugnisse und kulturelle Güter sind von Land zu Land anders, außerdem teilweise künstlich erhöht oder erniedrigt;

d) die Aufwendungen des jeweiligen Staates für Dinge, die nicht den Lebensstandard betreffen (z.B. Rüstung), machen in manchen Ländern einen entscheidenden Unterschied zwischen dem Volkseinkommen pro Kopf und den wirklich für den Einzelnen verfügbaren Mitteln aus.

Man erkennt, daß auch scheinbar wohldefinierte Dinge wie Lebensstandard und mittleres Einkommen pro Kopf der Bevölkerung in Wahrheit unscharfe Begriffe bleiben. Richtet sich die Fragestellung aber nach dem <u>technischen</u> Entwicklungsstand eines Landes, so ist eine eindeutige Verknüpfung mit dem Lebensstandard nicht notwendigerweise immer gegeben. Es gibt Länder, die infolge ihres Reichtums an Bodenschätzen, auch ohne technisch entwickelt zu sein, einen relativ hohen Lebensstandard haben (z.B. Venezuela) oder doch haben könnten (z.B. Irak). Ferner kann

---

1. H. BHABHA: "The Role of Nuclear Power in Underdeveloped Countries", öffentlicher Vortrag am 5. September 1958 in Genf.

eine einseitige Wirtschaftsentwicklung - z.B. eine technisch vervollkommnete Landwirtschaft mit Hilfsindustrien, Handels- und Versand-Organisationen - ein bedeutendes Nationaleinkommen ohne den Aufbau eines wesentlichen schwerindustriellen Potentials ermöglichen (z.B. Dänemark).

Immerhin zeigt sich aber im großen und ganzen eine Gesetzmäßigkeit derart, daß das Nationaleinkommen, umgerechnet auf den Kopf der Bevölkerung, mit dem Energie-Verbrauch pro Kopf wächst, und zwar zunächst steil, dann flacher und fast linear (Abb. 1). Die der Abbildung 1 zugrunde liegenden Zahlenwerte wurden nach Angaben aus den unter den Fußnoten 2), 3), 4) erwähnten Literaturstellen errechnet.

1.2 Nationaleinkommen, Sozialprodukt und Energieerzeugung

Bei der Betrachtung des Schaubildes 1 hat man sich natürlich die Einschränkungen vor Augen zu halten, die zu Anfang ausgesprochen wurden. Ergänzend sei bemerkt, daß sich erfahrungsgemäß bei einer Erhöhung der Bevölkerungszahl um 1 v.H. das Sozialprodukt um mindestens 3 v.H. erhöhen muß, um den Lebensstandard zu erhalten. Das bedeutet wiederum, daß die Energieverbrauchszunahme pro Kopf mindestens 7 bis 9 v.H. beträgt[5]. Daraus errechnet sich ein Verlauf des Jahres-Sozialproduktes pro Kopf (SP) als Funktion des Energieverbrauchs pro Kopf und Jahr (E) von

$$SP = const \cdot E^n \qquad (1)$$

wobei n zwischen 0,33 und 0,43 liegt. Nimmt man ferner an, daß das Verhältnis von Sozialprodukt zum Volkseinkommen in erster Näherung bei allen Staaten gleich ist (es liegt etwa zwischen 1,2 und 1,5), so gilt der gleiche Kurventyp für das Volkseinkommen (VE):

$$VE \approx const \cdot E^n \qquad (2)$$

Damit wird der Verlauf der Mittelkurve nach Abbildung 1 qualitativ verständlich.

---

2. <u>Statistical</u> Yearbook 1957, United Nations, New York 1958.
3. Jahrbuch "<u>India</u> 1957", Government of India, Delhi (1958).
4. <u>Internationale</u> Wirtschaftszahlen, G. Westermann-Verlag, 1956, S. 57 - 60 und 72 - 120.
5. J. BÖHM: "Zur industriellen Erschließung unterentwickelter Gebiete", Energie <u>10</u> (1958), Nr. 12, S. 507 - 509.

Vergleicht man nun nicht den gesamten Energieverbrauch der Länder, sondern nur die erzeugte elektrische Energie bzw. die installierte elektrische Leistung (Abb. 2 und 3), so wird der funktionelle Zusammenhang zum Volkseinkommen undeutlicher. Es fallen mehr Punkte von der (aber immer noch erkennbaren) mittleren Tendenz ab.

Die Abbildungen 1 und 3 erlauben die empirische Feststellung: besere Energieversorgung steigert das mittlere Pro-Kopf-Einkommen in einem Land, wobei der spezielle Einfluß der Energie-<u>Qualität</u> (Elektrizität) von zweitrangiger und differenzierterer Bedeutung ist. Die Kernenergie ist aber, technisch gesehen, primär Wärmeenergie, d.h., wirtschaftlich am vielseitigsten einsetzbar - dies zum Unterschied von der Wasserkraft, welche einer modernen Großindustrie die notwendige Wärme nur sehr teuer über den Umweg des elektrischen Stromes liefern kann. Norwegen ist dafür das klassische Beispiel[6]. Hydro-elektrischer Strom kostet dort teilweise unter 2 Dpf/kWh. Der für die Zellulose-, Papier- und Fischindustrie notwendige Dampf würde bei 2 Dpf/kWh, in Elektrokesseln erzeugt, ca. DM 15,--/t kosten. Es ist also selbst bei teuren Brennstoff-Importen immer noch billiger, diese in Kauf zu nehmen. Lediglich der Wunsch nach Unabhängigkeit steht dem entgegen. Er ist in vielen Ländern, nicht zuletzt in den sogenannten Entwicklungsländern, ein starker Antrieb für die Anwendung von Kernenergie unter teilweiser Hintansetzung der rein kaufmännischen Gesichtspunkte.

1.3 Entwicklungsstand und Bevölkerungspotential der Großräume

Um einen vorläufigen Überblick über den Entwicklungsstand der Länder der Welt zu erhalten, sei die Einteilung benutzt, die Dr. BHABHA auf der 2. Genfer Atomkonferenz angab[7]:

Dr. BHABHA teilt die Welt in neun Ländergruppen ein:

1) Afrika ohne Ägypten
2) Nordamerika, bestehend aus USA und Kanada
3) Lateinamerika, bestehend aus Mexiko und allen südlich davon liegenden Ländern
4) der Nahe Osten einschließlich der arabischen Länder, Ägypten, Iran und Türkei

---

6. M. SIEBKER: "Kernenergie in Skandinavien", Energie <u>9</u> (1957), Nr. 10, S. 367 - 373.
7. H. BHABHA: "The Role of Nuclear Power in Underdeveloped Countries". Öffentlicher Vortrag am 5. September 1958 in Genf.

5) Südasien und Ferner Osten ohne China
6) China einschließlich Formosa
7) Westeuropa
8) Osteuropa
9) Ozeanien (Australien, Neuseeland und die südlich von Asien liegenden Inselgruppen)

Von diesen neun Gebieten sind fünf entwicklungsfähig (Pos. 1, 3, 4, 5 und 6 in obiger Aufstellung).

Sie besitzen eine Bevölkerung von über 1800 Millionen, entsprechend fast 70 v.H. der Weltbevölkerung. Von diesen fünf Gebieten hat Afrika soviel konventionelle Energiequellen in relativ günstiger Lage, daß es einen recht hohen Entwicklungsstand erreichen kann, bevor Atomenergie wirklich notwendig wird. Das gleiche gilt praktisch für den Nahen Osten.

Am ungünstigsten sind die Länder Südasiens und der Ferne Osten daran. Diese Gebiete haben große Brennstoffimporte bzw. Kernenergie nötig. Etwas besser geht es den lateinamerikanischen Ländern, jedoch noch schlechter als den drei übrigen Gebieten der entwicklungsfähigen Welt. Bei ihnen kommt hinzu, daß das Bevölkerungswachstum dort rund 50 v.H. größer ist als selbst in Asien (Tab. 1).

Tabelle 1

Vorausschätzung der Weltbevölkerung bis 1975[8]

Großraum	1955 (in Mill.)	1965 (in Mill.)	1965* (in v.H.)	1975 (in Mill.)	1975* (in v.H.)
Europa	409	437,5	107,0	467	114,0
Sowjetunion	197	232	118,2	270,5	137,2
Asien	1490	1750	117,4	2075	139,2
Ozeanien	14,7	17,75	120,8	20,75	141,2
Afrika	216	256	118,6	303	140
Nordamerika	182	209,5	115,1	236	129,9
Lateinamerika	182,8	230,4	126,0	293	161,1
Welt	2690	3180	118,2	3830	142,5

*) die v.H.-Zahlen beziehen sich auf die Werte von 1955.

---

8. Statistical Yearbook 1957, United Nations, New York 1958, S. 69 - 75.

Die auffallende Tatsache, daß die lateinamerikanischen Länder, vor allem die tropischen, eine wesentlich höhere Vermehrungsrate als alle anderen Gebiete der Welt aufweisen, bedeutet im Zusammenhang mit der weiter oben angegebenen Beziehung zwischen Bevölkerungszunahme, Sozialprodukt und Energiebedarf, daß die notwendige Steigerung der Energieerzeugung wesentlich höher als in anderen Teilen der Welt ist.

Auch innerhalb der Zonen obiger Einteilung in neun Großräume gibt es natürlich große Unterschiede. Zum Beispiel sind die Reserven an festen und flüssigen Brennstoffen in Mexiko sechsmal so groß wie die Brasiliens, dessen Bevölkerung das Doppelte ausmacht. Auf der anderen Seite sind die unausgeschöpften Wasserkräfte Brasiliens doppelt so groß wie die Mexikos.

Als weitere Angaben zur Kennzeichnung der Regionen unserer Erde dienen nachstehend die Tabellen 2, 3 und 4.

Tabelle 2

Bevölkerung und Arbeitspotential der Welt 1950[9]

Gebiet	Einwohner (in Mill.)	Erwerbspersonen (in v.H.)	Tätigkeitsgebiet (v.H.)		
			Landwirtschaft	Industrie	Dienste
Nordamerika, Nordwesteuropa u. Ozeanien	377	43	17	40	43
Sowjetunion u. Osteuropa	283	46	45	30	25
Lateinamerika u. Südeuropa	290	41	58	19	23
Afrika u. Asien	1566	40	73	10	17
Welt	2515	41	59	18	23

Bei Tabelle 2 umfaßt "Landwirtschaft" Land- und Forst-, Jagd- und Fischwirtschaft.

"Industrie" umfaßt Bergbau, verarbeitende Industrie, Bau- und Energiewirtschaft.

"Dienste" umfaßt Handel, Verkehr, Lagerhaltung, Nachrichtendienst sowie private und öffentliche Dienstleistungen.

---

9. Internationale Wirtschaftszahlen, G. Westermann-Verlag, 1956, S. 20.

Hinsichtlich der in Tabelle 2 genannten Gebiete gelten folgende Begriffsbestimmungen:

Nordamerika : USA und Kanada;

Osteuropa : sowjetische Besatzungszone Deutschlands, Polen, Ungarn, Rumänien, Albanien;

Südeuropa : Iberische und Apenninenhalbinsel, Jugoslawien, Griechenland, Türkei.

Nach Tabelle 2 ergibt sich eine natürliche Einteilung der bewohnten Landgebiete der Erde in vier recht gut voneinander unterschiedene Kategorien. Die Reihenfolge von oben nach unten ist gleichzeitig die Reihenfolge abnehmender Entwicklungsstufe.

Tabelle 3

Erzeugung von Energie vor und nach dem 2. Weltkrieg[10]

(Kohle, Erdöl, Naturgas und Wasserkraft, zusammen in Mio. to SKE)

Gebiet	1937	1949	1954	Zunahme 1949-1954 in v.H.
Entwickelte Länder	1479	1722	2037	18
Kanada, USA	848	1083	1280	18
Westeuropa	538	531	628	18
andere Länder	93	108	129	19
Unterentwickelte Länder	144	288	459	60
Lateinamerika	68	134	195	46
Venezuela	36	90	135	50
Asien u. Ferner Osten	51	53	72	36
Mittlerer Osten, Afrika	25	101	192	90
Welt insgesamt	1623	2010	2496	24

Tabelle 3 zeigt, daß die Entwicklungsländer zwar prozentual den größten Zuwachs haben, jedoch absolut gesehen noch in den Anfängen sind. Im übrigen täuschen die Angaben insofern, als z.B. Venezuela und der Vordere Orient den überwiegenden Energieanteil in Form von Öl exportieren, also nicht selbst verwenden. Das gleiche ist selbstverständlich auch bei Tabelle 4 zu beachten.

---

10. Internationale Wirtschaftszahlen, G. Westermann-Verlag, 1956, S. 24.

Tabelle 4

Erdöl-Förderung 1955 und Erdöl-Reserven Anfang 1956 in Mill. t[11]

Länder, Erdteile	Förderung 1955	Reserven (1) 1.1.1956	Anteil (1) [v.H.]	Vorrat (2) Jahre
Vereinigte Staaten v. Amerika	332,8	4200	16,08	12,6
Kanada	17,0	340	1,30	20,0
Nordamerika	349,0	4540	17,38	13,0
Venezuela	111,0	1750	6,70	15,8
Mexiko	12,8	270	1,03	21,0
Kolumbien	5,6	80	0,31	14,2
Trinidad	3,5	40	0,15	11,4
Argentinien	4,4	60	0,23	13,6
Peru	2,3	30	0,11	13,0
Sonstige Länder	1,4	20	0,09	14,2
Lateinamerika	141,0	2250	8,62	16,0
Kuweit	55,0	5500	21,06	100,0
Saudi-Arabien	46,8	5000	19,14	106,8
Iran	16,0	3600	13,79	225,0
Irak	33,6	2700	10,34	80,3
Quatar	5,4	200	0,76	37,0
Sonstige Länder	4,8	100	0,38	20,8
Mittlerer Osten	161,6	17100	65,47	106,1
Indonesien	11,1	310	1,19	27,9
Britisch-Borneo	5,3	70	0,27	13,2
Sonstige Länder	1,8	50	0,19	27,7
Ferner Osten, Afrika	18,2	430	1,65	23,6
Westdeutschland	3,1	65	0,26	20,9
Österreich	3,7	60	0,23	16,2
Frankreich	0,9	30	0,11	33,3
Niederlande	1,0	15	0,06	15,0
Sonstige Länder	0,5	15	0,05	30,0
Westeuropa	9,2	185	0,71	20,1
Sowjetunion	70,0	1500	5,57	21,4
Rumänien	10,6	80	0,31	7,5
Sonstige Länder	2,7	30	0,11	11,1
Ostblock	83,3	1610	6,17	19,3
Welt	763,1	26115	100,00	34,2

(1) Nachgewiesene Reserven.

(2) Anzahl der Jahre, für die - beim Förderungsniveau von 1955 - die Reserven reichen.

Zur Weltsituation auf dem Erdölsektor sagt Tabelle 4 aus, daß in etwa 15 Jahren praktisch der gesamte Erdölbedarf aus dem Vorderen Orient

11. Erdölnachrichten, Deutsche Shell-AG Hamburg, Nr. 100, vom 15.6.1956.

gedeckt werden muß, wenn nicht neue Vorkommen entdeckt werden oder
Autarkiebestrebungen zu einer wesentlichen Verstärkung der synthetischen Kraftstoffgewinnung führen. Die Umstellung aller Energiebedarfsträger, bei denen flüssiger Kraftstoff nicht zwingend erforderlich ist,
auf feste Abfallbrennstoffe bzw. auf Kernenergie scheint in absehbarer
Zeit dringend notwendig zu sein. Nicht berücksichtigt ist in Tabelle 4,
daß in der Sahara vor kurzer Zeit beträchtliche Erdöl- und Erdgasvorkommen entdeckt worden sein sollen, die in ihrer Mächtigkeit angeblich
die Größenordnung der Vorkommen im Vorderen Orient erreichen.

2. Die Beurteilungskategorien für Entwicklungsländer
2.1 Vorbemerkungen und Aufzählung der Kategorien

Bei der Betrachtung der Abbildungen 1 bis 3 beweist die Abweichung einzelner Punkte von dem Mitteltrend, daß eine allgemeine Behandlung, z.B.
der sogenannten Entwicklungsländer, für den Fall eines speziellen Landes große Fehler ergeben kann. Für jedes Staatsgebiet gilt ein Bündel
von Bestimmungsdaten, das in seiner Gesamtheit etwas darstellt, das
eben nur für dieses Land charakteristisch ist. Hierzu ein Schulbeispiel
aus dem europäischen Raum: der Vergleich Schweiz - Norwegen. Die
Schweiz hebt sich aus der Zahl der Staaten mit überwiegendem Gebirgscharakter dadurch heraus, daß sie inmitten des dichtest besiedelten
und wirtschaftlich intensiviertesten Kontinents liegt und dadurch, geographisch bedingt, zu einem auf Spezialgebieten hochindustrialisierten
Gemeinwesen wurde, um überhaupt unabhängig bestehen zu können. Dabei
ist die Schnittpunktlage wichtiger Interessen-Richtungen vorteilhaft
gewesen. Norwegen dagegen befindet sich in ungünstiger Randlage und
ist ferner klimatisch schlechter daran. Dafür besitzt es eine günstige
Ausgangsposition für Schiffahrt und Fischerei. Es ist also nicht verwunderlich, wenn die volkswirtschaftliche Entwicklung bei in beiden
Fällen günstigen Möglichkeiten der Elektrizitätserzeugung (Wasserkraft)
sehr unterschiedlich war und ist. Norwegen ist zwar auf der Welt das
Land mit der größten Elektrizitätserzeugung je Einwohner (1956 ca.
7.300 kWh/Jahr), hatte aber im gleichen Zeitraum nur ein Nationaleinkommen von ca. 3 670,-- DM pro Jahr und Kopf der Bevölkerung, die Schweiz
dagegen bei rund 3 000 kWh je Einwohner und Jahr einen Vergleichswert
von 4 700,-- DM. Man versteht, daß beide Länder bei der Beurteilung
gemäß Abbildung 1 von der Mittelkurve in entgegengesetzter Richtung
stark abweichen.

Unterhalb des mittleren Verlaufs liegen ferner außer den naturgemäß durch die Kriegsfolgen besonders stark betroffenen Staaten Deutschland, Österreich, Japan und England praktisch alle Agrarländer, bei denen ein großer Teil der Bevölkerung auf einer durchweg primitiven zivilisatorischen Stufe lebt: China, Pakistan, Indien, Argentinien, Südafrika usw.

Man kann das obenerwähnte "Bündel von Bestimmungsdaten" für jedes Land auffassen wie einen vieldimensionalen Vektor, bei dem die Abweichung bereits einer Komponente einen anderen Punkt im Koordinatensystem ergibt. Die Koordinaten für den Vektor "Wirtschaft" oder speziell "Energiewirtschaft" eines Landes sind:

1) Bevölkerungszahl
2) Bildungs- und Ausbildungsstand der Bevölkerung
3) Verteilung der Bevölkerung
4) Ausdehnung des Landes
5) Internationale verkehrstechnische Lage
6) Innere verkehrstechnische Situation (Stand und Möglichkeiten)
7) Klima und landwirtschaftliches Potential
8) Bodenschätze und industrielle Produktionskapazität
9) Ausbaustand der Handelsschiffahrt
10) Regierungsform und politische Situation.

2.2 Bemerkungen zu den einzelnen Kategorien

Zu 1) und 2) - Bevölkerungszahl, Bildungs- und Ausbildungsstand der Bevölkerung

Zahl und Bildungsniveau der Bevölkerung sind sowohl für die Produktionsmöglichkeiten eines Landes von Bedeutung als auch für den Binnenmarkt und das Marktpotential in der Weltwirtschaft.

Bei fast allen entwicklungsfähigen Ländern ist ferner zu berücksichtigen, daß es selbst bei rigorosen Maßnahmen mindestens eine Generation dauert, um ein Volk auf den Bildungsstand eines hochentwickelten Landes zu heben, wie man am besten am Beispiel Rußlands erkennen kann. Die Amerikaner sind daher sehr skeptisch hinsichtlich der breiten Anwendung einer so komplizierten Technik wie der Kernenergienutzung in einem entwicklungsfähigen Land. So schreibt Ashton O'DONNELL vom Stanford Research Institute:

"Die Länder der Erde, die als entwicklungsfähig bezeichnet werden, scheinen für die nahe Zukunft wenig Möglichkeiten für die Anwendung von Kernenergie zu bieten; Thailand, Ceylon und Pakistan verfügen z.B. nicht über genügend Geldmittel und ausgebildete Arbeitskräfte, um ein Kernenergie-Entwicklungsprogramm durchführen zu können. Es erscheint wirklich nicht ratsam, solche Länder dazu zu drängen, sich ernsthaft mit dem Problem der Kernenergie zu beschäftigen zu einem Zeitpunkt, da die Ausnutzung ihrer eigenen begrenzten Hilfsmittel - ein erreichbares Ziel - von größerem Vorteil wäre und sie gleichzeitig in die Lage versetzen würde, auf eine wirtschaftlichere Kernenergie-Erzeugung zu warten.

Deshalb sei allen Regierungs- und Industriegruppen, die dafür verantwortlich sind, Entwicklungsprogramme auf dem Kernenergiesektor im Ausland zu fördern, empfohlen, genau zu untersuchen, ob es ratsam ist, die Beanspruchungen und Probleme auf sich zu nehmen, die entstehen, wenn man von Nationen, die nicht einmal einen entsprechenden Lebensstandard haben, eine neue Technologie verlangt. In vielen Fällen hat es sich für einen Staatsmann oder Großindustriellen als zugkräftig herausgestellt, sich als Mitspieler in dem Stück "Atom" auszugeben. Sich auf ein solches Kernenergieprogramm einzulassen, bedeutet nur, daß anderen, wichtigeren Unternehmen kostbare Arbeitskraft, Materialien und Geld entzogen werden, einzig und allein darum, damit die Nation sagen kann, daß sie am Atomgeschäft beteiligt sind.

Andere Nationen der Erde haben aus anderen als den obenerwähnten Gründen keinen Kernenergiebedarf. Der Irak zum Beispiel ist so reich an flüssigem Brennstoff, daß er von 1955 bis 1959 etwa 2 Milliarden Dollar an Öltantiemen erhielt. Es hat bis jetzt noch keiner vorgeschlagen, einen Kernreaktor neben einen Ölbohrturm zu setzen"[12].

Dr. BHABHA, der Vorsitzende der indischen Atomenergiekommission, ist dagegen anderer Meinung, wenn auch nicht unwidersprochen. Ich stimme mit ihm darin überein, daß die für die Bedienung von Kernenergie-Anlagen nötigen Spezialkräfte rein zahlenmäßig wenig ins Gewicht fallen. Darüber hinaus besteht immer die Möglichkeit, in der ersten Zeit

---

12. Ashton J. O'DONNELL: "World Programme with the Atom - Since Geneva", SRI-Journal, USA, 4. Quarter 1957.

ausländische Spezialisten zu beschäftigen. Etwas anderes ist natürlich der Aufbau einer eigenen Schwerindustrie mit all ihren Zweigen, die zur eigenen Fertigung kompletter Kernenergie-Anlagen oder gar zu ihrer Entwicklung nötig sind. Natürlich wäre es völlig verfehlt, lediglich aus Prestigegründen einen solchen Weg einzuschlagen.

Zu 3) und 4) - Verteilung der Bevölkerung und Ausdehnung des Landes

Die Verteilung der Bevölkerung und die absolute Ausdehnung eines Landes sind vor allem maßgebend für die Möglichkeiten und Kosten der Verteilung der Energie. Besonders gilt dies für die Elektrizität. Das Vorhandensein eines weiten Verteilernetzes bedeutet einerseits die Möglichkeit, Elektrizität aus günstigen Erzeugungsgebieten (Wasserkraft gebirgiger Landesteile, Strom aus Braunkohlentagebaugebieten) in entfernten Industriezentren zu verwenden, andererseits eine hohe und gleichmäßige Belastung der Kraftwerke durch die Überlagerung vieler und verschiedenartiger Verbrauchscharakteristika. Dies wiederum ermöglicht den Bau von Großkraftwerken, deren spezifische Anlagekosten klein und deren Kapitaldienstanteil an der Kilowattstunde gering ist. Je kleiner und dichter besiedelt ein Land, umso einfacher und weniger aufwendig ist ein nationales Netz. Leider sind die entwicklungsfähigen Länder durchweg sehr unterschiedlich dicht besiedelte und sehr weite Räume, so daß eine wirtschaftlich günstige Großproduktion von Elektrizität schlechte Voraussetzungen vorfindet. Die ökonomische Grenze der Leistungsübertragung durch elektrische Hochspannungsleitungen liegt in der Größenordnung von 1 000 km für die hier interessierenden Gebiete bei Leistungen je Stromkreis von mindestens 500 bis 700 MW und 400 kV; für 2 000 bis 2 500 MW bei 650 bis 700 kV je Stromkreis rückt die Grenze auf 1 500 bis 2 000 km. Für wie wichtig der Ausbau des Verteilernetzes von Entwicklungsländern angesehen wird, zeigt das Beispiel Indiens, das von 1956 bis 1961 seine Überlandleitungen fast verdoppeln will (56 000 km)[13].

Zu 5) und 6) - Innere und äußere verkehrstechnische Lage

Die verkehrstechnische Lage eines Landes im Hinblick auf den Außenhandel ist natürlich entscheidend für den Preis importierter Brennstoffe wie Öl und Kohle und damit für die relative Konkurrenzfähigkeit der Kernenergie. Entsprechendes gilt für die als sechste Koordinate genannte innere verkehrstechnische Situation. Gemeint sind hier vor allem

---

13. "India's Five Year Plan", Government of India, 1957.

die Verbindungen zu den Hauptenergiequellen bzw. den Importhäfen oder Einfuhrbahnhöfen zu den Verbrauchszentren. Im allgemeinen genügen einige hundert Kilometer Transportweg für Kohle, um sie unwirtschaftlich zu machen. Lediglich der Wasserweg gestattet größere Entfernungen. Bei Öl liegen die Verhältnisse etwas günstiger, da je Gewichts- und Raumeinheit 40 bis 70 v.H. mehr Wärmewert transportiert wird und das Ein- und Ausladen einfacher ist. Dafür ist die Speicherung teurer, so daß lange Pipelines günstiger sein können. Am Rande sei erwähnt, daß neuerdings in den USA und England Kohle als Dispersion über mehr als 100 km gepumpt wird[14]. Auch beim Wasserweg und beim Rohrleitungstransport gilt natürlich, daß Rentabilität nur bei hohem Verbrauch erzielbar ist, der in den Entwicklungsländern im allgemeinen erst am Ende eines langen Weges erreicht sein wird.

Bei schwierigen Transport- und Lagerungsbedingungen, z.B. in Urwald-, Wüsten- oder Polargebieten, ist eine Energiequelle absolut notwendig, deren Träger geringe Gewichts- und Raumdimensionen je Energieeinheit hat, so daß wenige Flugzeuge, Lastkraftwagen oder ähnliche Mittel die Versorgung für mehrere Jahre sicherstellen können. Diese Möglichkeit ist erst mit der Verwendung der Kernenergie gegeben. Je nach Anreicherung der Brennstoffelemente an spaltbarem Material für Kernreaktoren liegt das Gewicht je nutzbarer Wärmeeinheit um einen Faktor 1 : 10 000 bis 1 : 100 000 niedriger als bei konventionellen Brennstoffen.

Bisher sind transportfähige Anlagen nur für militärische Zwecke gebaut worden, z.B. der Army Power Package Reactor (APPR) mit 1,5 MW_e. Der APPR läßt sich in 20 bis 30 Teilen als Flugzeugladung verfrachten. Im ganzen transportierbare Leistungsreaktoren ähnlicher Kapazität sind gleichfalls in der Entwicklung, aber vorläufig nicht auf dem zivilen Markt zu erhalten.

<u>Zu 7) und 8) - Klima, landwirtschaftliches Potential, Bodenschätze und industrielle Produktionskapazität</u>

Der Einsatz einer neuen Energiequelle und von Energie in großem Maßstab überhaupt ist natürlich nur sinnvoll, wenn ein erhebliches ungenutztes <u>Wirtschaftspotential</u> in dem betreffenden Land vorhanden ist. Anders gesagt: ein sogenanntes entwicklungsfähiges Land ist nicht darum schon förderungsbedürftig, weil es einen niedrigeren Lebensstandard

---

14. Vortrag von D. MEYER, TH Stuttgart, über "Volkswirtschaftliche Probleme des Rohrleitungstransports", am 28.2.1959 in München.

der Bevölkerung aufweist als die USA oder Europa, sondern nur, wenn und weil es die wesentlichen sachlichen Voraussetzungen mitbringt, um eine lebenstüchtige Industrie aufzubauen, der <u>unter anderem</u> die Energie fehlte. Und auch dann ist der erzielbare Lebensstandard weniger von dem Leitbild abhängig als vielmehr von den objektiven Voraussetzungen (Bodenschätze, Agrarnutzbarkeit, Kapital usw.). Auf die Dauer bewirkt jede vernünftige - d.h. organische - Ausweitung der Industrialisierung eine allmähliche Verbesserung der Wirtschaftsstruktur der Entwicklungsländer, vor allem der überbevölkerten wie Indien, Pakistan und China. Da mit der Wertsteigerung veredelter Inlandsrohstoffe größere Lohnanteile im Lande bleiben, erhöht sich der soziale Stand der Bevölkerung und damit der Bedarf an Konsumgütern. Daher ist außer der Schaffung einer Veredelungsindustrie die einer Produktionsgüterindustrie ein Hauptproblem dieser Länder. Die Deckung des zugehörigen Energiebedarfs ist erst der <u>sekundäre</u> Aspekt. Alle diese drei Wirtschaftssektoren erfordern langfristig angelegtes Kapital und die zunehmende technische und mentale Anpassung der Gesamtbevölkerung.

Je höher das bereits vorhandene industrielle Niveau eines Landes, umso leichter wird ihm gelingen, sich eine neue Technik anzueignen und sie zu nützen. Selbst bei der Notwendigkeit des Imports von vorläufig im eigenen Lande nicht herzustellenden Anlageteilen wird ein mehr oder weniger großer Prozentsatz der Gesamtanlage von der eigenen Industrie beigegeben und damit der Devisenhaushalt mehr oder weniger entlastet werden können.

Hochindustrialisierte Länder sind also offenbar günstiger zu noch höherer Industrialisierung geeignet als entwicklungsfähige zu industriellem Beginn. Es hat damit den Anschein, als ob für die Entwicklungsländer das berühmte Wort Onkel Bräsigs zutreffe, daß die Armut von der "Powerteh" komme. Aus diesem circulus vitiosus führen jedoch fünf Tatsachen heraus:

    a) die zunehmende politische Bedeutsamkeit der Entwicklungsländer und die daraus resultierende Hilfe durch die hochindustrialisierten Länder

    b) der damit zusammenhängende Wunsch der Entwicklungsländer nach größerer wirtschaftlicher Unabhängigkeit selbst unter vorübergehenden Opfern

c) die zunehmende Aneignung der okzidentalen aktivpragmatischen Lebenshaltung

d) die noch sehr geringen Arbeitslöhne

e) der oft vorhandene Reichtum an Bodenschätzen und landwirtschaftlichen Erzeugnissen, welche in den hochindustrialisierten Ländern von Bedeutung sind und nicht mehr wie in den Zeiten des Kolonialismus beliebig von ihnen kontrolliert werden.

Zu 9) - Stand der Handelsschiffahrt

Die Frage der Handelsschiffahrt ist, soweit es die verkehrstechnische Situation betrifft, bereits in der Besprechung von Punkt 5) und 6) kurz gestreift worden. Hier sei noch bemerkt, daß Länder, deren Hochsee- und Frachtschiffahrt einen lebenswichtigen Teil der Wirtschaft ausmachen, daran denken müssen, deren Versorgung mit Antriebsenergie sicherzustellen und auch für die Zukunft ökonomisch zu gestalten. Das bedeutet, die Einführung des Kernenergieantriebs zu erwägen und eventuell vorzubereiten. Außer den USA und Rußland sind daher Staaten wie Norwegen, Großbritannien und Japan ernsthaft bei der Vorbereitung solcher Pläne. Auch in der Bundesrepublik ist seit 1956 eine "Studiengesellschaft zur Förderung der Kernenergieverwertung in Schiffbau und Schiffahrt e.V." an der Arbeit. Für Entwicklungsländer sind Kernenergie-Schiffsantriebe vorläufig ohne Bedeutung.

Zu 10) - Regierungsform und politische Situation

Bereits bei der Erwähnung des Unabhängigkeitsstrebens unter Hintansetzung kommerzieller Gesichtspunkte in den Entwicklungsländern wurde klar, welchen wesentlichen Einfluß politische Gegebenheiten für die Einführung einer neuen Energie haben. Natürlich gehören auch die militärischen Ambitionen in diese Kategorie, sollen aber hier nicht näher besprochen werden. Von außerordentlicher Bedeutung sind die Staatsform (autoritärer Staat, straff gelenkte Demokratie oder freizügige Demokratie), die Wirtschaftsform (Planwirtschaft, Freiwirtschaft oder Zwischenformen) sowie die Art der wirtschaftlichen Beziehungen zu anderen Ländern. Die Entwicklungsländer sind - soweit sie überhaupt politisch als unabhängig angesehen werden können - mehr oder weniger autoritär regiert (z.B. Ägypten, Sudan, Pakistan, Thailand, China) oder doch straff gelenkte Demokratien (z.B. Indien, Indonesien, Philippinen und die meisten lateinamerikanischen Staaten). Dies ist insofern vorteilhaft, als ein relativ kurzfristiger Übergang von einem bescheidenen auf einen höheren industriellen Stand stets eine Benachteiligung breiter anderer Interessengruppen mit sich bringt, was einen völlig freizügigen Weg schwierig, wenn nicht unmöglich macht (soziale Neuordnung von Staats wegen). Ferner muß in Ermanglung hinreichend starker Unternehmer und in Anbetracht des großen Kapitalaufwandes für die schnelle Industrialisierung im Verhältnis zum Volkseinkommen die wirtschaftliche Initiative in den Entwicklungsländern im wesentlichen vom Staat ausgehen.

Schließlich sind gute wirtschaftspolitische Beziehungen zu den industriell hochentwickelten Ländern erforderlich, da keines der Entwicklungsländer in der Lage ist, aus eigener finanzieller oder technischer Kraft den Sprung zur Vollentwicklung zu vollziehen. Anleihen, technische Hilfe und wissenschaftlich-technische Ausbildung durch das Ausland setzen natürlich voraus, daß der gebende Partner ein Äquivalent erhält, das zumindest in positiver politischer Haltung und der Sicherung einer späteren Tilgung privater Anleihen besteht.

Diese Übersicht über die zehn wichtigsten Komponenten-Kategorien des "Beurteilungsvektors" eines Landes für seine Entwicklungsmöglichkeiten durch Kernenergie kann im Rahmen dieser Arbeit nicht mehr sein als ein Hinweis auf die Gesichtspunkte, die bei der Analyse eines einzelnen Landes eine Rolle spielen. Einige grundsätzliche Folgerungen werden an Hand dieser Kategorien im Abschnitt 4 gezogen und auch einige Beispiele gebracht. Die genauere Analyse einzelner Länder oder Großräume würde jedoch eine übermäßige Ausweitung des Themas darstellen.

3. Die Arten der Kernenergienutzung

Dieser Abschnitt soll einen Überblick über die Arten der Kernenergienutzung, ihre chemisch-physikalischen und technischen Eigenarten sowie ihr wirtschaftliches Potential geben. Dazu erscheint es gut, sich die Struktur der Nuklearindustrie zu vergegenwärtigen.

3.1 Der Gesamtaspekt der Nuklearindustrie

Abbildung 4 zeigt ein Gesamtschema der Nuklearindustrie. Dabei ist unter "Nuklearindustrie" die Summe aller _speziellen_ Industrieeinrichtungen verstanden, die vom nuklearen Rohstoff an für Bau und Betrieb der verschiedenen Kernreaktoren und für die Herstellung nuklearer

Sprengkörper nötig werden. Ferner sind die Anwendungsgebiete der gewonnenen Energieformen (Wärme, Strahlung, mechanische Energie) aufgeführt.

Man erkennt die vielfältigen Beziehungen und Querverbindungen der Anlagen einer nuklearen allround-Industrie untereinander, die ihrerseits wieder in die Gesamtindustrie eingebaut gedacht werden muß. Dabei sollte man nicht vergessen, daß der Anteil spezifisch "nuklearer" Lieferungen für Kernenergieanlagen wie Kernkraftwerke kleiner ist als der "konventionelle" Anteil, oft sogar erheblich kleiner.

Abbildung 4 darf nun nicht so verstanden werden, als ob alle dort genannten Einrichtungen für die Nuklearindustrie eines Landes notwendig sind. Vielmehr sind manche Zweige als Parallelmöglichkeiten anzusehen, die allein bereits für einen speziellen Weg hinreichen. Beispielsweise kann eine Nuklearindustrie mit den gleichen Anwendungsmöglichkeiten wie die in Abbildung 4 gezeigte "allround-Industrie" sich völlig auf Natururan einstellen. Dann entfallen die teure Isotopenanreicherungsanlage und der Verarbeitungsweg für angereichertes und verarmtes Uran. Auch die Thorium-Seite ist nicht nötig. Ob allerdings die freiwillige Beschränkung auf den Natururan-Plutonium-Weg das wirtschaftlich günstigste Ergebnis gibt, steht auf einem anderen Blatt. Die Beantwortung dieser Frage hängt von dem Aufbau der Gesamtwirtschaft, dem Kapitalmarkt und den Rohstoff-Vorkommen im eigenen Lande ab.

Eine noch weitergehende Einschränkung könnte durch das Inkaufnehmen einer teilweisen Abhängigkeit vom Ausland oder durch eine Verringerung der Anwendungsmöglichkeiten erkauft werden.

Die in Abbildung 4 aufgeführten Nutzungsarten geben bereits die Einteilung der nachfolgenden Abschnitte wieder. Danach wird zunächst zwischen Kernreaktornutzung am Reaktorstandort, indirekter Kernreaktoranwendung und friedlicher Nutzung von Kernexplosionen unterschieden. Die weitere Unterteilung richtet sich nach der angewandten Energieform (Wärme, mechanische Energie, Strahlung).

3.2 Kernreaktornutzung am Reaktorstandort

3.21 Anwendung der Wärme

Alle Kernreaktoren erzeugen im Betrieb Wärme und Strahlung. Die Wärme entsteht zu etwa 90 v.H. im Kernbrennstoff und zu etwa 10 v.H. im Moderator. Die in der Abschirmung durch die Absorption von Neutronen und

Gammaquanten fortwährend erzeugte Wärme ist demgegenüber für eine praktische Nutzung vernachlässigbar gering. Durchweg wird die im Reaktorkern erzeugte Wärmeleistung durch ein Kühlmittel abgeführt. Dieses kann eine natürliche Flüssigkeit (leichtes oder schweres Wasser mit oder ohne gelösten Salzen; organische hochsiedende Verbindungen), ein flüssiges Metall (Natrium, Natrium-Kalium, Lithium, Wismuth und seine Legierungen, Quecksilber), ein Gas (Luft, CO_2, Helium), ein Dampf (Wasserdampf), ein Dampf-Flüssigkeits-Gemisch (siedendes Wasser) oder die Dispersion eines Feststoffes in einer Flüssigkeit oder in einem Gas sein. Meist wird verwendet: als Gas: CO_2 (im Calder Hall-Typ); als Flüssigkeit: leichtes oder schweres Wasser (in Druck- und Siedewasser-Reaktoren) oder Terphenyl-Mischungen (organisch-moderierte Reaktoren); als flüssiges Metall: Natrium (Natrium-Graphit-Reaktoren und schnelle Reaktoren). Obwohl alle zuletzt genannten Stoffe nur eine relativ geringe und kurzlebige Radioaktivität im Reaktorkern induziert erhalten, verwendet man meist einen sekundären Kühlkreislauf zur absoluten Strahlensicherheit im Falle schadhafter Kernbrennstoffelemente. Das Sekundärkühlmittel kann grundsätzlich ein Stoff aus den für das Primärkühlmittel genannten Kategorien sein, jedoch sind die Anforderungen an seine Reinheit geringer, vor allem hinsichtlich der neutronenabsorbierenden Bestandteile.

Die vom Reaktor abgegebene Wärme kann ohne Umformung in mechanische oder elektrische Energie industriell zur Raumheizung (Fernheizung), zur Beheizung bei Fabrikationsvorgängen (Papier- und Zellstoffabriken, endotherme chemische Verfahren) und grundsätzlich auch zum Betrieb metallurgischer Öfen verwendet werden.

Tabelle 5 zeigt eine Zusammenstellung der Anwendungsmöglichkeiten nuklearer Wärmeerzeugung.

Die in der rechten Spalte angegebenen Preise beziehen sich auf USA-Verhältnisse. Für die meisten anderen Länder, vor allem die entwicklungsfähigen, werden höheren Preise angenommen werden können, es sei denn, besonders billiger Brennstoff sei vorhanden, wie im Irak, im Iran und in Venezuela.

Bereits jetzt zu verwirklichen sind die Anwendungen 1 und 2, da der erforderliche Temperaturbereich niedrig liegt. Vor allem in den nordischen Ländern werden Fernheiz-Projekte ausgearbeitet und zum Teil bereits verwirklicht, desgleichen Anlagen zur Dampferzeugung für die

Papier- und Zellstoff-Industrie[15]. Besonders geeignet erscheinen Schwerwasser-moderierte Natururan-Reaktoren und schwach angereicherte Leichtwasser-Reaktoren mit leichtem oder schwerem Wasser als Kühlmittel; auch CO_2 ist als Primärkühlmittel bereits vorgeschlagen worden.

Tabelle 5
Anwendungen der Wärme von Kernreaktoren

Nr.	Anwendung	Kühlmittel	Temperatur [°C]	Zulässige Kosten (USA) [DM/10^6 kcal]
1	Fernheizung	Wasser (evtl. siedend)	70 ÷ 150	4 ÷ 8
2	Fabrikationsdampf	- " -	bis 250	4 ÷ 12,50
3	Niedertemperatur-Kohlevergasung	erzeugtes Gas	600	20
4	Wasserstofferzeugung aus Methan	He (30 atü)	925	20,50
5	Hochtemperatur-Kohlevergasung	He	1350 ÷ 1400	11,80
6	Nichteisen-Metallurgie	He	> 1100	39
7	Eisen-Metallurgie	He	> 1350	12,50
8	Azetylen-Produktion	He	1400 ÷ 1450	8,70
9	Thermische Knallgas-Produktion	Dampf	≧ 1600	(25)
10	Direkte Stickstoffbindung	He	2300	5,80

Vorteilhaft erweist sich die Kopplung von Strom- und Heizdampf-Erzeugung durch den Einsatz von Gegendruckturbinen, da fast immer auch Elektrizität gewünscht wird, wo ein Wärmebedarf existiert[16],[17],[18]. Die relativ niedrigen Temperaturen für Fernheizung und Industriedampf ermöglichen die Verwendung des billigen Aluminiums als Umhüllung der Brennstoffelemente anstelle des teueren Zirkons oder des neutronen-

---

15. M. SIEBKER: "Kernenergie in Skandinavien", Energie 9 (1957) Nr. 10, S. 367 - 373.
16. W.H. ZINN und R.P. GODWIN: "The Use of Nuclear Energy for Purposes other than the Generation of Electricity", Genfer Berichte 1958, Nr. 1831.
17. M. SIEBKER: " Kernenergie in Skandinavien", Energie 9 (1957), Nr. 10, S. 367 - 373.
18. H. FRILUND, Ekono, Helsinki 1955: "Vad är kostnaden för elkraft genererad av atomkraftverk?"

physikalisch ungünstigeren rostfreien Stahls. Aus demselben Grunde ist der Druck im Primärkühlpreis relativ niedrig, so daß die Wandstärken des Reaktordruckgefäßes und des gesamten Primärkreislaufes gering sein können. Beides wirkt in Richtung einer Verbilligung. Daher kommen bei Wärmestationen nicht nur Großanlagen in Frage wie im allgemeinen bei den Kraftwerken (siehe weiter unten).

Ein grundsätzlicher Nachteil der Kernenergie bleibt die Tatsache, daß bei kleinen Einheiten und niedrigen Lastfaktoren die Wärmekosten vervielfacht werden, da die spezifischen Anlagekosten zwei- bis viermal so hoch sind wie bei konventionellen Wärmeerzeugern und mit abnehmender Anlagengröße stärker steigen als bei diesen. Letzteres hat seinen Grund u.a. darin, daß selbst bei beliebig kleiner Leistung der Reaktorkern mindestens die "kritische Größe" aufweisen muß, eine Tatsache, zu der es bei allen anderen Wärmeerzeugern keine Parallele gibt.

Die Verwirklichung der unter 3 und 10 in Tabelle 5 aufgeführten Möglichkeiten ist bislang noch nicht erreicht, da die höchsten in Leistungsreaktoren im zuverlässigen Dauerbetrieb erhaltenen Kühlmitteltemperaturen die Größenordnung von 500°C nicht überschritten haben. Die erzielten Maximaltemperaturen in keramischen Brennstoff-Elementen (z.B. UO_2) liegen jedoch über 1500°C, so daß ein nuklearer Betrieb metallurgischer Öfen und eine Beheizung der unter 3, 4, 5, 8 und 9 genannten endothermischen chemischen Prozesse nicht völlig utopisch erscheint[16].

Als Übertragungsmittel kommt für die Hochtemperaturanwendungen vor allem Helium in Frage, wenn nicht die Wärmestrahlung der Brennstoffelemente selbst ausreicht. Dies würde allerdings voraussetzen, daß sich die zu beheizenden Stoffe im Reaktorkern oder in seiner unmittelbaren Nähe befinden, was aus neutronen-physikalischen Gründen meist unerwünscht sein wird.

Nach Untersuchungen von PERRY und McGEE[19] sind die in den USA wirtschaftlich noch zulässigen Kosten der Erzeugung von 10^6 kcal für die Eisen-Metallurgie etwa DM 12,50, während sie für die Nichteisen-Metallurgie etwa dreimal so hoch liegen. (Siehe Tabelle 5). Für derzeitige Leistungsreaktoranlagen der Größenordnung 500 Mio kcal/h. bei Temperaturen bis etwa 400°C ergeben sich Wärmepreise von etwa DM 13,--/Mio kcal. Dabei sind 14 % Annuität und ein Lastfaktor von

---

19. H. PERRY und J.P. McGEE: Use of Nuclear Energy for Process Heat", Genfer Berichte 1958, Nr. 495.

80 v.H. angenommen. Diese Angaben sind im Rahmen der Schätzungsgenauigkeit fast unabhängig vom Reaktortyp (Druckwasserreaktor, Siedewasserreaktor, Calder Hall-Typ und organisch moderierte Reaktoren). Man kann erwarten, daß der technische Fortschritt bei gleichen Kosten wesentlich höhere Temperaturen bzw. bei gleichen Temperaturen wesentlich niedrigere Kosten bringen wird.

Andererseits sind die benötigten Industriewärme-Erzeuger im allgemeinen von kleiner oder mittlerer Leistung. Die Papier- und Zelluloseindustrie gebraucht Wärmequellen in der Größenordnung 20 bis 50 MW_{th}. In der chemischen Industrie kommen auch etwas größere Einheiten in Frage, jedoch sind Anlagen von 100 MW_{th} und mehr sehr selten.

Nach Dr. ZINN[20] eignet sich der Naturumlauf-Siedewasserreaktor besonders gut für Industriedampf-Erzeugung, da er das billigste Primärsystem besitzt. In der angezogenen Arbeit wird als Beispiel eine 50 MW-Einheit zugrunde gelegt (ähnlich dem EBWR) mit 42 atü Primärdruck und Wärmetauschern für Sekundärdampf von ca. 30 atü. Ein wesentlich niedrigerer Primärdampfdruck als 42 atü ist nicht vorteilhaft, da die Leistungsdichte im Reaktor zu gering würde. Bei den oben genannten Daten sollen nach Dr. ZINN Wärmepreise von DM 290,-/MW_{th} erreichbar sein. Bei einer neunzigprozentigen Ausnutzung der Anlage, die für Industriedampferzeuger durchaus angenommen werden kann (entsprechend $6,74 \cdot 10^6$ kcal/Jahr je MW_{th}), ergibt sich ein Kapitaldienst von 0,43 DM/10^6 kcal je 1 % Annuität, also DM 6,40/10^6 kcal bei den meist üblichen 15 % an jährlichem Kapitalaufwand.

Zum Betrieb einer solchen 50-MW-Anlage wird ein Stab von ca. 20 Leuten gebraucht. Bei obigen Voraussetzungen entsteht für Betrieb und Unterhalt ein Kostenbetrag von rund DM 3,--/10^6 kcal.

Tabelle 6 gibt die Brennstoffkosten für das gleiche Beispiel zusammen mit den zugehörigen technischen Daten wieder. Als Brennstoff ist UO_2 mit zweiprozentiger Anreicherung angenommen. Als Gesamtkosten je 10^6 kcal ergeben sich unter den genannten Voraussetzungen damit 11,60 DM bei 10 % Kapitaldienst und 13,80 DM bei 15 % Kapitaldienst. Eine Verringerung der Kosten auf etwa DM 8,25/10^6 kcal erscheint in Reichweite, vor allem durch Erniedrigung der Kosten für den Bau und die Brennstoff-

---

20. W.H. ZINN und R.P. GODWIN: "The Use of Nuclear Energy for Purposes other than the Generation of Electricity", Genfer Berichte 1958, Nr. 1831.

elementfabrikation sowie durch Vergrößerung des Ausbrandes der Brennstoffelemente auf mehr als 10 000 MWd/t.

Tabelle 6
Brennstoffkosten eines nuklearen Industriedampf-Erzeugers

Abbrand	10 000 MWd/t
Anreicherung an U 235	2 v.H.
Konvertierungsfaktor (Anfangswert)	0,70
Brennstoffumhüllung	Aluminium-Nickel-Legierung
U 235-Verbrauch	10,5 g/kg
Kosten für U 235-Verbrauch	630,-- DM/kg
erzeugte Plutoniummenge	7,0 g/kg
Wert des erzeugten Plutoniums bei 50,-- DM/g	350,-- DM/kg
Nettokosten f. Brennstoffabbrand	280,-- DM/kg
Kosten für chemische Aufbereitung	84,-- DM/kg
Plutoniumverlust u. Kosten für Umwandlung des Pu zu Metall	47,-- DM/kg
U 235-Verlust u. Kosten für Umwandlung von Uranylnitrat in UF_6 für 23,50 DM/kg	26,50 DM/kg
Umwandlung des UF_6 in UO_2 und Herstellung der Brennstoffelemente	420,-- DM/kg
Gesamte Benutzungsgebühren bei 4 %	115,-- DM/kg
Transport des bestrahlten Brennstoffes	8,40 DM/kg
Gesamte Brennstoffkosten	980,-- DM/kg
Erzeugte Wärme	$270 \cdot 10^6$ kcal/kg
Bezogene Brennstoffkosten	4,30 DM/10^6 kcal

3.22 Anwendung zum Erzeugen mechanischer Energie

3.221 Fahrzeugantrieb

Nichtmilitärischer Kernenergieantrieb ist wegen der hohen Kapitalkosten und der bei kleinen Anlagen in der Atomtechnik besonders ungünstigen Verhältnisse nur für Langstreckeneinsatz und relativ große Leistungen sinnvoll. Mögliche Anwendungen sind demnach:

a) Hochseefrachter, vor allem Tanker und Erzfrachter
b) Langstrecken-Frachtflugzeuge
c) Langstrecken-Lokomotiven
d) Langstrecken-Schlepper für schienenlose Fahrzeugkolonnen.

In praktischer Ausarbeitung sind bisher nur Schiffsantriebe, meist für
Tanker, da diese besonders groß sind, erhebliche Strecken zurücklegen
und sich rund 90 v.H. ihrer Lebenszeit auf Fahrt befinden. Bei nuklear
getriebenen Schiffen ist prinzipiell vorteilhaft, daß sie ein bis zwei
Jahre ohne Brennstoffzufuhr auskommen und beträchtlich weniger Nutz-
raum durch ihre Antriebseinrichtung verlieren. Ferner sind sie unabhängig von Verbrennungsluftzufuhr, was bedeutungsvoll für die neuerdings erwogene Unterwasser-Frachtschiffahrt werden kann. Letztere erscheint vorteilhaft wegen des gegenüber Oberflächenschiffen wegfallen-
den Wellenwiderstandes (vor allem bei hohen Beförderungsgeschwindig-
keiten) und wegen der Unabhängigkeit von Wind und Seegang.

Die bisher für den Schiffsantrieb erfolgreich verwendeten Reaktoren sind
vom Druckwassertyp (z.B. bei der "Nautilus" und dem russischen Eisbrecher
"Lenin"). Projektiert sind außerdem Siedewasserreaktoren, organisch moderierte Reaktoren und neuerdings auch Hochtemperaturreaktoren mit Gas-
kühlung und Gasturbinen[21]. Alle diese Reaktortypen liegen mit großer
Wahrscheinlichkeit wirtschaftlich günstiger als Druckwasseranlagen, was
für die ersten militärisch bedingten Anlagen gegenüber der seinerzeit
vorhandenen technischen Reife von minderer Bedeutung erschien. Abbildung 5 zeigt für einen Riesentanker von 100 000 dwt und 30 000 km Aktionsentfernung die Kosten, die für den technischen Stand für 1965 in
Abhängigkeit von der Geschwindigkeit erwartet werden[22]. Es zeigt sich,
daß der Kernantrieb bei Geschwindigkeiten über 20 Knoten überlegen ist.
Abbildung 6 gibt die bis 1970 geschätzten Werte für Gewicht und Kosten
von konventionellen und nuklearen Antrieben eines etwas bescheideneren
Großtankers von 40 000 dwt, 20 000 PS und 22 000 km Aktionsentfernung[22].

Zu der Frage "Zivile nukleare Langstrecken-Frachtflugzeuge" sagt der
amerikanische Mc-Kinney Report (1957):

"Wenn kommerzielle Typen jemals Verwendung finden sollten, werden
sie wahrscheinlich Nebenprodukte des militärischen Programmes
sein. Die Möglichkeit von Abstürzen in bewohnten Gegenden und die
daraus resultierenden Strahlungsgefahren könnten außerdem ab-
schreckend gegenüber einer ausgedehnten Anwendung wirken. Es scheinen keine so großen Vorteile bei zivilen kernenergiegetriebenen

---

21. M. SIEBKER: "Schiffsantriebe durch Kernreaktoren", Hansa 95 (1958)
    Nr. 12/13, S. 566 - 572.
22. W.H. ZINN und R.P. GODWIN: "The Use of Nuclear Energy for Purposes
    other than the Generation of Electricity", Genfer Berichte 1958,
    Nr. 1831.

Flugzeugen zu liegen, die bereits jetzt zusätzliche Anstrengungen wert wären, außer denjenigen, die zur Erreichung militärischer Ziele aufgewendet werden"[23].

Ferner heißt es in demselben Bericht:

"Es sind noch keine brauchbaren Schätzungen über eventuelle Kosten für Bau und Betrieb von atom-angetriebenen kommerziellen Lastflugzeugen möglich. Die Kapital-Erstinvestierung wird wahrscheinlich wesentlich größer sein als für vergleichbare chemisch angetriebene Flugzeuge. Atom-angetriebene Flugzeuge würden in diesem Fall nur dann konkurrenzfähig sein, wenn die Ersparnisse in den Betriebskosten während der Lebenszeit des Flugzeuges ausreichen, um die viel höhere Erstinvestierung zu kompensieren. Nach einigen tausend Meilen erhöhen sich die Betriebskosten pro km für konventionell-chemisch-angetriebene Flugzeuge sehr schnell, während die Betriebskosten pro km für atom-angetriebene Flugzeuge im wesentlichen die gleichen für Flüge jeder Entfernung bleiben werden. Daher könnten große atom-angetriebene Lastflugzeuge, die über Entfernungen von mehr als einigen tausend Meilen fliegen, mit konventionellen Nonstop-Flugzeugen über vergleichbare Entfernungen konkurrenzfähig sein. Die tatsächliche wirtschaftliche Konkurrenzfähigkeit jedoch würde auch von der Notwendigkeit spezieller Wartungseinrichtungen und besonders geschulten Personals für atom-angetriebene Flugzeuge beeinflußt, verglichen mit der Notwendigkeit für konventionelle Flugzeuge, Brennstoffaufnahmeplätze in Übersee zu haben mit den zugehörigen Kosten der konventionellen Brennstoffe in solchen Flughäfen in Übersee. Selbst wenn die Kernantriebssysteme vervollkommnet werden, können doch Unglücke solcher Flugzeuge, die sich in dicht bevölkerten Gebieten ereignen, zu örtlicher radioaktiver Verseuchung schwerwiegenden Ausmaßes führen. Flugplätze, die den ersten Modellen der atom-angetriebenen Flugzeuge dienen sollen, würden daher vermutlich weit entfernt von Städten angelegt; dies beeinflußte aber wieder auch die vergleichbaren Betriebskosten nachteilig"[24].

---

23. "Report of the Panel on the Impact of the Peaceful Uses of Atomic Energy", Government Printing Office Washington DC, USA, Januar 1956, Kapitel 7.6.2.
24. "Report of the Panel on the Impact of the Peaceful Uses of Atomic Energy", Government Printing Office Washington DC, USA, Januar 1956, Kapitel 7.3.2.

Grundsätzlich kommen zum Flugzeugantrieb vor allem gasgekühlte Reaktoren in Frage, die z.B. Gasturbinen treiben oder nach dem Staustrahlprinzip arbeiten können. Solche Reaktortypen sind noch in der ersten Entwicklung. Außer den Problemen der Hochtemperaturtechnologie stellen sich schwer zu lösende Aufgaben durch die Strahlenschutzanforderungen bei möglichst geringem Gewicht und durch die Forderung nach Katastrophensicherheit.

Ähnlich wie bei den Kernkraft-Flugzeugen steht es mit den nuklearen Lokomotiven. Ihr Einsatz erscheint nur auf transkontinentalen Linien als wirtschaftlich denkbar (z.B. transsibirische Eisenbahn). Im dichten Netzbetrieb wird in jedem Fall der flexiblere Einsatz von Dieselloks und Elektrozügen überlegen sein. Als Reaktortypen kommen gleichfalls gasgekühlte Hochtemperaturreaktoren mit angereichertem Brennstoff und Gasturbinen in Frage.

Im übrigen darf natürlich nicht vergessen werden, daß elektrifizierte Strecken auf dem Umweg über Kernkraftwerke nuklear angetrieben werden können. Zum Thema "Eisenbahn und Kernenergie" ist ferner anzumerken, daß indirekte Wirkungen dadurch auftreten können, daß die Bildung von industriellen Kernkraftzentren die Beförderung von Kohle und Erz über weite Strecken unnötig macht. Dieser Einfluß auf die Entwicklung der Eisenbahnindustrie dürfte jedoch bei weitem überschattet werden durch die Auswirkung der Ausdehnung und Dezentralisierung der Gesamtwirtschaft als Folge eines solchen Einsatzes der Kernenergie.

Kernkraftwagen als PKWs, LKWs oder Busse sind nach unserem jetzigen Stand der Technik reine Utopie. Allenfalls ist der Einsatz von Atom-Raupenschleppern oder ähnlichen Fahrzeugen zum Ziehen schienenloser Fahrzeugkolonnen über weite unerschlossene Gebiete denkbar, z.B. Lastwagenzüge durch die Sahara oder andere Wüsten-, Steppen- oder Savannen-Gebiete.

3.222 Nukleare Pumpstationen

Bisher noch wenig beachtet wurden die Möglichkeiten der Benutzung von Kernkraftanlagen zum Betrieb von Pumpstationen, für Bewässerung, Entwässerung oder Pumpspeicherwerke. In Abschnitt 4 wird näher darauf eingegangen werden. Hier sei nur darauf hingewiesen, daß die technische Verwirklichung bereits jetzt möglich ist, wobei im allgemeinen einfachere Verhältnisse vorliegen als beim technologisch ähnlichen Schiffsantrieb. In Frage kommen als Reaktortypen praktisch die gleichen Maschinen

wie für den nautischen Einsatz. Wegen der hohen Anlagekosten sind nur
große Einheiten (von ca. 20 000 PS aufwärts) und Einsatz mit hohem
Ausnutzungsgrad sinnvoll. Hinsichtlich der zu erwartenden Kosten nehme
man als Anhalt das unter 3.221 Gesagte.

3.23 Anwendung zum Erzeugen elektrischer Energie

Obwohl grundsätzlich eine Kopplung mit den unter 3.21 und 3.22 genannten Anwendungen denkbar ist und vorteilhaft sein kann, soll in diesem Abschnitt nur von reinen Kernkraftwerken die Rede sein.

3.231 Die Kraftwerksreaktoren

Als Leistungsreaktortypen kommen zur Zeit und in naher Zukunft in Frage:

1) gasgekühlte Niedertemperaturreaktoren mit Dampfkreislauf
2) gasgekühlte Hochtemperaturreaktoren mit Dampfkreislauf
3) gasgekühlte Hochtemperaturreaktoren mit Gasturbinen
4) Druckwasserreaktoren
5) Siedewasserreaktoren
6) organisch moderierte Reaktoren
7) Flüssigmetall-gekühlte thermische Reaktoren mit feststehenden Brennstoffelementen
8) Flüssigmetall-gekühlte mittelschnelle und schnelle Reaktoren

Als reife Konstruktionen kann man die Typen 1), 4), 5) und 6) bezeichnen. Sie sind daher für den Einsatz in abgelegenen Gebieten mit schwierigen klimatischen Bedingungen und schwach entwickelter eigener Technik im Lande vorläufig am geeignetsten.

Zu 1) Gasgekühlte Niedertemperaturreaktoren mit Dampfkreislauf

Der in Großbritannien entwickelte gasgekühlte Niedertemperaturreaktor mit Dampfkreislauf besitzt natürliches Uran in metallischer Form als Brennstoff mit einer gasdichten Hülle (canning) aus einer Magnesiumlegierung. Moderator ist Graphit, Kühlmittel CO_2 mit zur Zeit maximal 400°C. Die Reaktorwärme wird über ein konventionelles Dampfkreislaufsystem in elektrische Energie umgewandelt. In Betrieb oder im Bau sind Reaktoren mit einer elektrischen Leistung von 40 bis 275 MW je Einheit[25],[26]. Der Gesamtwirkungsgrad solcher Anlagen liegt zwischen

---

25. H.G. DAVEY und J. GAWTHROP: "Operating Experience at Calder Hall", Genfer Berichte 1958, Nr. 1522.
26. J.W. STRATH: "The UK-Programme for the Development of Nuclear Power", Genfer Berichte 1958, Nr. 262.

23 und 26 v.H. Der Kapitalaufwand je installiertem kW ist hoch (siehe 3.232). Im allgemeinen werden zwei oder vier Reaktoren in einem Kraftwerk zusammen errichtet. Die Brennstoffkosten liegen relativ niedrig (rund 1 Dpf/kWh). Durch Benutzung angereicherter Brennstoffe würde der spezifische Kapitalaufwand zwar geringer werden wegen kleinerer Abmessungen und konstruktiver Freizügigkeit, die Brennstoffkosten aber höher und vor allem der Brennstoffnachschub abhängig von einer Anreicherungsanlage, die praktisch nur in großen hochindustrialisierten Ländern vorhanden sein wird. Zur Zeit gibt es solche Einrichtungen nur in USA, Rußland und Großbritannien. Späterhin, d.h. nach Lösung der zur Zeit noch offenen technischen Probleme, werden statt U 235 Plutonium oder U 233 zum Anreichern Verwendung finden können. Eine Verbesserung des Calder Hall-Typs ergibt sich mit der Anwendung höherer Temperaturen und Drücke, was die Verwendung einer keramischen U-Verbindung (UO_2) statt metallischen Urans und temperaturbeständigerer Canning-Materialien sowie die Herstellung noch dickwandigerer Druckgefäße voraussetzt[27].

Zu 2) Gasgekühlte Hochtemperaturreaktoren mit Dampfkreislauf

In USA, Großbritannien und der Bundesrepublik sind Entwicklungen im Gange, die einen gasgekühlten Hochtemperaturreaktor zum Ziele haben, der sich von den unter 1) geschilderten Reaktoren vor allem dadurch unterscheidet, daß keramische Brennstoffe (z.B. Urankarbid in Mischung mit Graphit) ohne ein (stets temperaturbegrenzendes) metallisches Canning verwendet werden, sowie als Kühlmittel ein Edelgas (Helium oder ein Helium-Xenon-Gemisch), letzteres, weil CO_2 bei Temperaturen über 600°C bereits merklich mit Graphit chemisch reagiert[28],[29].

Zum Unterschied zu Punkt 1) ist der Gaskreislauf durch Spaltprodukte stark radioaktiv verseucht, so daß die Abdichtungs- und Sicherheitsanforderungen wesentlich größer sind. Ferner muß zumindest leicht angereichertes Uran verwendet werden. Zahlenmäßige Wirtschaftlichkeits-Voraussagen sind noch nicht möglich, jedoch ist sicher, daß dieser Typ nach dem Erreichen technischer Reife wegen des höheren thermischen Wirkungsgrades, billigerer Brennstoffelemente und geringerer Xenon-

---

27. L. GRAINGER et al.: "Advances in the Design of Gas-Cooled Power Reactors", Genfer Berichte 1958, Nr. 312.
28. L.R. SHEPHERD: " The possibilities of Achieving High Temperatures in a Gas-Cooled Reactor", Genfer Berichte 1958, Nr. 314.
29. "The Pebble Bed Reactor" (Review of Sanderson a. Porter) USAEC Report CF - 58 - 7 - 65.

vergiftung günstiger sein wird als der Calder Hall-Typ und dessen verbesserte Abkömmlinge. Bis dahin werden aber noch mindestens 10 Jahre vergehen.

Zu 3) Gasgekühlte Hochtemperaturreaktoren mit Gasturbinen

Gasgekühlte Reaktoren des z.Z. entwickelten verbesserten Calder Hall-Typs (Gastemperaturen bis 600°C) und vor allem des unter 2) genannten Hochtemperaturtyps werden bei elektrischen Leistungen bis 50 MW je Einheit zum Betrieb von Gasturbinen benutzt werden können. Der erforderliche Kapitalaufwand ist dann niedriger als bei den Reaktoren der ersten beiden Kategorien bei etwa gleichem Gesamtwirkungsgrad. In den USA sind ferner spezielle Reaktortypen für Gasturbinen-Primärkreis projektiert worden, die meist mit rostfreiem Stahl als Canning arbeiten sollen und teilweise statt Graphit Zirkonhydrid als Moderator vorsehen. Sie sind primär gedacht für den Schiffsantrieb, obwohl natürlich genau so gut ein Generator an die Stelle von Getriebe und Schiffsschraube treten kann[30],[31].

Außer reinen Gasturbinenanlagen sind Kombinationen mit Dampfkreisläufen denkbar, wie sie für konventionelle Kraftwerke bereits vielfach vorgeschlagen worden sind[32]. Der Einsatz von Gasturbinen bietet sich geradezu an für den Antrieb der Kühlgasgebläse und die Deckung des sonstigen Eigenkraftbedarfs auch bei Anlagen, die im übrigen wegen zu großer thermischer Leistung des Reaktors ein Dampfsystem für die Erzeugung des nach außen abgegebenen Stromes verwenden.

Zu 4) Druckwasserreaktoren

Druckwassergekühlte Reaktoren sind zur Zeit die am meisten gebauten Leistungsreaktoren mit angereichertem Uran. Alle Nuklearantriebe der US-Navy sind vom Druckwasser- und Druckgefäßtyp, ferner der Army-Power Package Reactor[33] mit 1,5 MW elektrischer Leistung, das Kernkraftwerk Shippingport[34] mit 60 MW_e und die im Bau befindlichen Kraftwerke der

---

30. "Helium Gas Turbine Nuclear Plants for High Temperature Power Cycles", Power Engng. 61 (August 1957) S. 78 - 81.
31. "Kernenergie-Schiffsanlagen mit Gasturbinen", Schiff und Hafen 10 (1958) Nr. 2, S. 123 - 126.
32. H. STUMPF: " Beitrag zur Frage gekoppelter Gasturbinen-Dampfturbinen-Prozesse", Elektrizitätswirtschaft 57 (1958) Nr. 21, S. 676 - 88.
33. K. KASSCHAU et al.: "The Design and Operation of the APPR-1", Genfer Berichte 1958, Nr. 1926.
34. J. SIMPSON und H. RICKOVER: " Shippingport Atomic Power Station (PWR)", Genfer Berichte 1958, Nr. 2462.

Consolidated Edison[35] mit 140 MW_e und der Yankee Atomic Electric[36] mit 134 MW_e. Der kanadische Leistungsreaktor NPD mit 20 MW gehört ebenfalls zu der Kategorie der Druckwasserreaktoren. Die kanadische Konzeption verwendet jedoch kein dickwandiges Druckgefäß für den Reaktorkern, sondern führt das Hochdruckkühlwasser in einzelnen Rohren zur separaten Kühlung jedes Brennstoffelementes. Als Moderator ist bei ihr schweres Wasser vorgesehen, so daß natürliches Uran verwendet werden kann zum Unterschied von den US-Reaktoren mit gewöhnlichem leichten Wasser als Moderator und Kühlmittel. Die beiden in Betrieb befindlichen russischen Kernkraftwerke von 5 bzw. 100 MW elektrischer Leistung[37],[38] sind auch vom Röhrentyp, jedoch mit Graphit als Moderator und angereichertem Uran als Brennstoff.

Canning-Material ist bei allen diesen Reaktoren rostfreier Stahl oder eine Zirkon-Legierung; die mit den Primärkreismedien in Berührung kommenden Bauelemente sind gleichfalls aus Zirkon, rostfreiem Stahl oder zumindest mit rostfreiem Stahl plattiert zum Unterschied von den unter Punkt 1), 2), 3) und 6) genannten Reaktoren. Der Grund liegt in dem Wunsch nach hoher Korrosionsfestigkeit bei Wassertemperaturen bis 350°C und der Anwesenheit radiolytischer Zersetzungsprodukte des Wassers. Trotz der geringen Kühlmitteltemperatur ist der Gesamtwirkungsgrad der Druckwasserreaktoranlagen wegen des besseren Wärmeübergangs von Wasser und des niedrigeren Kraftbedarfs für das Umwälzen des Kühlmittels im allgemeinen etwas größer als bei den Anlagen des Calder Hall-Typs. Auch ist der Kapitalaufwand je installiertem elektrischem kW geringer.

Die hohen Brennstoffkosten (ca. 2 Dpf/kWh) verändern aber das Bild so, daß es zur Zeit den Anschein hat, als ob Druckwasserreaktoranlagen die kWh etwas teurer erzeugen als gleichgroße Kraftwerke vom Calder Hall-Typ. Dies gilt für Reaktoranlagen von 150 MW_e und mehr sowie bei hohem Ausnutzungsgrad. Bei 50 MW_e und darunter werden die Verhältnisse sicher entgegengesetzt liegen (vergleiche Abschnitt 3.232). Druckwasserreaktoren vom Druckgefäßtyp haben infolge der technischen Beschränkungen

---

35. R.F. BROWER: "Indian Head Plant - ConEdison", Genfer Berichte 1958, Nr. 1885.
36. R.J. COE: "Yankee Atomic Electric Plant", Genfer Berichte 1958, Nr. 1038.
37. A.K. KRASIN et al.: "Operating the First USSR Atomic Power Station with the Fuel Channels Working in Boiling Conditions", Genfer Berichte 1958, Nr. 2183.
38. S.A. SKVORTSOV et al.: "Pressure Water Power Reactors in the USSR", Genfer Berichte 1958, Nr. 2184.

der Gefäßherstellung eine obere Grenze der Leistung je Einheit, die zur Zeit etwa bei 200 MW_e liegen mag. Der Druckröhrentyp kennt keine derartigen Einschränkungen.

Zu 5) Siedewasserreaktoren

Die Siedewasserreaktoren kann man als Abart der unter Punkt 4) abgehandelten Druckwasserreaktoren auffassen. Bei ihnen läßt man das Kühlmittel im Reaktorkern sieden und ist so prinzipiell in der Lage, den (normalerweise nur geringfügig radioaktiven) Dampf direkt in eine Turbine zu leiten anstatt über Wärmetauscher zu schicken. Dadurch können nicht nur deren Kosten, sondern auch Wirkungsgradeinbußen vermieden werden. Ferner kann man das Sieden im Reaktorkern dazu benutzen, die Bewegung des Kühlmittels im Reaktorkern durch Naturumlauf zu erzeugen, womit ein Teil des Eigenkraftbedarfs der Druckwasserreaktoranlage entfällt.

Die Leistungsdichte von Siedewasserreaktoren ist meist etwas geringer als die der Druckwasserreaktoren; ferner müssen Maßnahmen getroffen werden, um sich aufschaukelnde Schwingungen von Druck und Leistung zu vermeiden, die durch den Siedevorgang erzeugt werden können. Sehr große Einheiten müssen daher als eine Art Zwischenform zwischen Druck- und Siedewasserreaktortypen betrieben werden[39], d.h. ein Teil des nicht verdampften Reaktorwassers wird unter Dampferzeugung entspannt oder in einem indirekten Dampferzeuger abgekühlt, so daß nicht die ganze im Reaktor erzeugte Wärme zum Entstehen von Dampfblasen im Kern führt. Auch von der Seite der Druckwasserreaktoren her zeigt sich übrigens eine Annäherung zwischen beiden Typen. Man erwägt nämlich, das sogenannte Oberflächensieden in Druckwasserreaktoren zuzulassen, d.h., ein örtliches Sieden mit unmittelbarer Kondensation des intermediär entstandenen Dampfes im leicht unterkühlten Kühlmittelstrom.

Die im Primärkreis zur Verwendung kommenden Werkstoffe sind bei Siedewasserreaktoren die gleichen wie bei Druckwasserreaktoren. Für niedrige Temperaturbereiche, vor allem für Industriewärmeerzeuger (siehe Abschnitt 3.21), kommen als Materialien für Canning und Inneneinbauten auch relativ billige Aluminiumlegierungen in Frage.

An Siedewasserreaktoren sind zur Zeit einige Anlagen in den USA in Betrieb mit Leistungen bis 50 MW_{th}. Im Bau sind Kraftwerke bis 180 MW

---

39. R.D. MAXSON: "The Dresden Nuclear Power Station", Genfer Berichte 1958, Nr. 2372.

elektrischer Nettoleistung[40]. In der Bundesrepublik wird zur Zeit ein
Experimentierkraftwerk amerikanischer Bauart mit 15 MW elektrischer
Leistung errichtet. In Norwegen ist eine landeseigene Entwicklung mit
schwerem Wasser als Moderator und 20 MW thermischer Leistung praktisch
fertiggestellt. Diese Anlage soll, außer zum Gewinnen von Erfahrungen,
zum Erzeugen von Prozeßdampf für die Zellstoffindustrie dienen (siehe
Abschnitt 3.21)[41].

Die Brennstoffkosten bei Siedewasserreaktorkraftwerken sind fast die
gleichen wie bei Druckwasserreaktorkraftwerken. Die Erzeugungskosten
elektrischer Energie liegen jedoch etwas unter denen der Druckwasserreaktoranlagen, vor allem wegen der niedrigeren Drücke und Temperaturen
im Primärkreis bei gleichem thermischen Wirkungsgrad und wegen des
geringeren Eigenkraftbedarfs. Unter gewissen Voraussetzungen (Zinssatz,
Ausnutzungsgrad) können sie nach den z.Z. vorliegenden und in Abschnitt
3.23 verwendeten Zahlen auch bei Großanlagen billigeren Strom erzeugen
als der Calder Hall-Typ. Sicher ist, daß relativ kleine Anlagen
($\leq$ 50 MW) und solche mit relativ geringem Ausnutzungsfaktor günstiger
in Form von Siedewasserreaktoranlagen sind, als wenn Reaktoren der unter Punkt 1) und 4) genannten Typen Verwendung fänden.

Zu 6) Organisch-moderierte Reaktoren

Ebenfalls eine Abart des Druckwasserreaktors ist der organisch-moderierte Reaktor. Bei ihm ist das Wasser als Kühlmittel und Moderator
durch eine organische Flüssigkeit ersetzt. Dafür kommen vor allem Ter-
phenyle und deren Mischungen in Frage. Vorteile sind: niedriger Druck
und keine Korrosionsgefahr; daher können billige Werkstoffe (Aluminium
und Kohlenstoffstahl) verwendet werden. Nachteilig sind die schlechten
Wärmeübergangseigenschaften der organischen Stoffe relativ zu Wasser
und ihre irreversible Zersetzung bzw. Vernetzung unter dem Einfluß
der Strahlung. Letzteres macht einen laufenden Ersatz durch frisches
Kühlmittel erforderlich, das zur Zeit noch recht teuer ist.

Allgemein läßt sich trotz der Tatsache, daß bisher erst ein Reaktor
dieses Typs betrieben wird[42], mit Sicherheit sagen, daß organisch

---

40. C. GOODMAN et al.: "Experience with the US Nuclear Power Reactors",
    Genfer Berichte 1958, Nr. 1075; siehe ferner Fußnote auf voriger
    Seite.
41. O. DAHL: "The Halden Boiling Heavy Water Reactor", Genfer Berichte
    1958, Nr. 559.
42. C.A. TRILLING: "The OMRE -- a Test of the Organic Moderator-Coolant
    Concept", Genfer Berichte 1958, Nr. 421.

moderierte Typen erfolgreich gebaut werden können und daß ihre Energieerzeugungskosten in der gleichen Größenordnung wie die der bereits genannten Reaktortypen liegen[43]. In den USA sind zur Zeit zwei kleine Kraftwerksanlagen mit 10 bzw. 12,5 MW_e im Bau.

Zu 7) Flüssigmetall-gekühlte thermische Reaktoren mit feststehenden Brennstoffelementen

Flüssigmetall-gekühlte thermische Reaktoren benutzen die Eigenschaften flüssigen Metalls, sowohl die höchsten Wärmeübergangszahlen je Einheit der Strömungsleistung aufzuweisen, als auch Temperaturen von 500° und mehr ohne nennenswerten Dampfdruck übertragen zu können. Vor allem eignet sich Natrium als Kühlmittel, das eine geringe Dichte, niedrige Viskosität, hohe Wärmeleitfähigkeit, annehmbare neutronen-physikalische Eigenschaften und einen relativ niedrigen Preis hat. Nachteilig ist lediglich seine lebhafte Reaktion auf Wasser und Luftsauerstoff, so daß absolute Dichtheit erforderlich ist. Als Werkstoffe, in Berührung mit heißem Natrium, kommen praktisch nur rostfreie Stähle und Zirkonlegierungen in Frage. Aus Gründen der Sicherheit verwendet man durchweg außer dem primären Flüssigmetall-Kühlmittelkreis einen sekundären, der dann erst die Wärme an einen Dampfprozeß abgibt. Das bedeutet natürlich eine Wirkungsgradeinbuße. Trotzdem sind die erzielten Gesamtwirkungsgrade flüssigmetallgekühlter Reaktoranlagen die höchsten überhaupt.

In Betrieb ist zur Zeit ein thermischer Reaktor mit Flüssigmetallkühlung, der sogenannte Natrium-Graphit-Reaktor mit 7,5 MW_e[44]. Gebaut wird, ebenfalls in den USA, eine Anlage mit der zehnfachen Leistung[45]. Man erwartet für diese einen kWh-Preis, der etwa dem wassergekühlter Reaktoren entspricht. Die Anlagekosten sind wegen der hohen Dichtheits- und Korrosionsanforderungen relativ hoch. Natururan ist bei Graphit als Moderator nicht als Brennstoff zu verwenden, da das Natrium zu viele Neutronen absorbiert.

---

43. H. POLAK: "Fortschritte bei der Entwicklung organisch-moderierter Kernkraftwerksreaktoren großer Leistung". Atomenergie 3 (1959) Nr. 8/9, S. 315 - 320.
44. F.E. FARIS et al. : "Operating Experience with the Sodium Reactor Experiment", Genfer Berichte 1958, Nr. 452.
45. W.K. DAVIS und U.M. STABLER: "Highlights of Nuclear Power Development in the United States", Genfer Berichte 1958, Nr. 1076.

Zu 8) Flüssigmetall-gekühlte mittelschnelle und schnelle Reaktoren

Außer den sogenannten thermischen Reaktoren, bei denen die Kettenreaktion überwiegend von auf Wärmegleichgewichtsgeschwindigkeiten verlangsamten Neutronen aufrecht erhalten wird, gibt es Reaktortypen, die nur schnelle oder mittelschnelle Neutronen zur Kernspaltung benutzen, d.h., Neutronen mit einer Energie, die sich nur wenig von der im Moment der Spaltung erhaltenen unterscheidet. Da die Spaltungswahrscheinlichkeit (der Wirkungsquerschnitt des Urankernes für Spaltung) bei hohen Neutronengeschwindigkeiten wesentlich niedriger ist als bei thermischen, setzt dies voraus, daß hoch angereichertes Uran ($>15\%$) in den Brennstoffelementen vorhanden ist. Aus dem gleichen Grunde ist auch die kritische Masse größer als bei vergleichbaren thermischen Reaktoren. Beides bedeutet teure Brennstoffelemente und hohes Investitionskapital für die erste Brennstoffladung.

Eine weitere Voraussetzung für die Verwirklichung eines schnellen Reaktors ist ein nicht moderierendes und hoch intensives Kühlmittel. Praktisch kommt nur ein flüssiges Metall in Frage, vor allem Natrium. (Siehe Bemerkung zu Punkt 7). Vorteilhaft ist bei den schnellen Reaktoren außer den positiven Eigenschaften des Flüssigmetall-Kühlmittels die Tatsache, daß der Neutroneneinfang durch die Spaltprodukte, der vor allem die Ausnutzbarkeit der Brennstoffelemente bei thermischen Reaktoren begrenzt, hier praktisch keine Rolle spielt, da bei hohen Neutronengeschwindigkeiten die Einfangsquerschnitte gering sind. Weiterhin ist der Neutronenhaushalt so günstig zu gestalten, daß durch "Brüten" während des Betriebes mehr neuer Spaltstoff entstehen kann als verbraucht wird. Schnelle Pu-Reaktoren ergeben rechnerisch Verdopplungszeiten des spaltbaren Materials von 2,8 Jahren bei kontinuierlicher Aufbereitung (fluider Brennstoff) oder 5,4 Jahre bei chargenhafter Aufbereitung. Thermische Reaktoren erlauben ein Umwandeln von "fruchtbarem Material" (U 238) in spaltbares (Pu 239) praktisch nur im Verhältnis 0,8 oder weniger zum gespaltenen Material. Lediglich der technologisch im großen Maßstab noch nicht erprobte Thoriumzyklus (Th 232 als fruchtbares Material, U 233 als zugehöriges spaltbares Material) erlaubt Werte über 1 und macht Verdopplungszeiten um 4,3 Jahre möglich.

Gebaut sind in den USA bisher zwei schnelle Reaktoren mit 0,2 und 20 MW_e [46],[47]. In Bau ist zur Zeit eine britische Anlage in Dounreay mit 20 MW_e [48] und ein amerikanisches Kraftwerk mit 100 MW_e [49]. Über die kWh-Preise ist zur Zeit schwer etwas zu sagen. Sicher werden sie in den nächsten zehn Jahren höher liegen als bei gleich großen Anlagen der unter 1), 4), 5) und 6) genannten Reaktortypen.

Diese kurze Charakteristik der zur Zeit wichtigsten Arten der Leistungsreaktoren ist natürlich unvollständig. Nicht erwähnt wurden u.a. die wassermoderierten homogenen Salzlösungs-Reaktoren, die Flüssigmetallbrennstoff-Reaktoren, die Wasser-Suspensions-Reaktoren, die gasgekühlten Suspensionsreaktoren und die homogenen Salzschmelzen-Reaktoren, von denen mancher Typ in weiterer Zukunft die hier besprochenen möglicherweise in den Schatten stellen wird. Im Zusammenhang mit den technisch und wirtschaftlich entwicklungsfähigen Ländern sollte jedoch nicht zu weiten Spekulationen Raum gegeben werden. Daher beschränkt sich obige Einzelaufstellung nur auf technisch reife oder doch technologisch völlig überschaubare Reaktorformen.

3.232 Die Stromerzeugungskosten und ihre Einflußgrößen

Hier sollen nur die innerhalb des Kraftwerks entstehenden Kosten betrachtet werden. Hinsichtlich der Bauaufwendungen für Fortleitung und Verteilung des Stromes sei lediglich als Anhalt vermerkt, daß sie in hochindustrialisierten Ländern wie Großbritannien, Frankreich und der Bundesrepublik ca. 85 % der Erstellungskosten der konventionellen Kraftwerke ausmachen. Davon entfallen 25 % auf Fernleitungen und 65 % auf das Verbrauchernetz.

3.2321 Feste Kosten

Die festen Kosten f der Kilowattstunde an der Klemme setzen sich zusammen aus:

---

46. "Power Reactors" (Nuclear Reactor Plant Data Vol. I); ASME 1958, S. 17 - 20.
47. L.I. KOCH et al.: "Construction Design of EBR - II", Genfer Berichte 1958, Nr. 1782.
48. H. CARTWRIGHT und J. TATLOCK: "The Dounreay Fast Reactor - Basic Problems in Design", Genfer Berichte 1958, Nr. 274.
49. R.W. HARTWELL: "Enrico Fermi Atomic Power Plant", Genfer Berichte 1958, Nr. 1858.

- den Kapitalkosten f_1
- dem Zinsverlust für das Brennstoffinventar f_2
- den Betriebskosten f_3

$$f = f_1 + f_2 + f_3 \; [\text{Dpf/kWh}] \qquad (3)$$

Alle diese Kostenanteile für die kWh sind reziprok zum Ausnutzungsgrad α, welcher das Verhältnis der in einem Jahr abgegebenen elektrischen Leistung zu der in dem betreffenden Jahr installiert gewesenen Leistung ist. (Die oft benutzte Größe T, die Ausnutzungsdauer mit der Dimension h/a, ist $\alpha \cdot T_o$, mit T_o = 8760 h.) Da die festen Kosten aller vorhandenen Kraftwerke eines Netzes eine konstante Größe sind, d.h., unabhängig davon, welche Kraftwerke Grundlast fahren, muß der Einsatz der Kraftwerke in der Reihenfolge steigender Brennstoffkosten erfolgen. Man wird also zunächst die Wasserkraftwerke einsetzen und, wo vorhanden, die Anlagen zur Verwertung von Abfallbrennstoffen, Mittelgut und im Tagebau geförderte Braunkohle.[50]. Erst dann folgen in den meisten Ländern die Kernbrennstoffe und am Ende hochwertige Steinkohle und Öl. Besonders begünstigte Gebiete, wie einige Staaten der USA oder der Ölländer, haben derart billige, gute fossile Brennmaterialien, daß Uran vorläufig dort an letzter Stelle rangiert. Bei nicht ausschließlicher nuklearer Stromerzeugung ist es also nicht stets das wirtschaftliche Optimum, wenn die gesamte Grundlast von Kernenergieanlagen getragen wird. Man würde oftmals die nuklearen Werke nur auf Kosten anderer begünstigen und die Wirtschaftlichkeit der gesamten Energieversorgung herabsetzen.

Die Belastungskurven eines Netzes sind abhängig von seiner Größe, dem industriellen Entwicklungsstand des betreffenden Gebietes sowie von den klimatischen Bedingungen (geographische Lage, Jahreszeit). Je mehr verschiedenartige Verbraucher zusammengefaßt sind, umso gleichmäßiger sieht der Belastungsverlauf aus. Beispielsweise zeigen die Abbildungen 7 und 8 die Verhältnisse im westdeutschen öffentlichen Netz an einem Winter- bzw. Sommertag, wobei gleichzeitig die Quelle der Einspeisung angegeben ist[51]. Man erkennt, daß die Grundlast im Winter 48 v.H. und im Sommer 54 v.H. der jeweiligen Höchstlast beträgt, wovon

---

50. RIEZLER-WALCHER: "Kerntechnik", Stuttgart, B.G. Teubner, 1959, S. 907.
51. FIPACE: "Ziele und Aufgaben für Euratom", Praktische Energiekunde 5 (1957) Nr. 4, S. 334.

12,3 v.H. bzw. 8,5 v.H. auf "alle übrigen Wärmequellen" entfallen, d.h. auf diejenigen, die allenfalls durch Kernkraftwerke zu ersetzen wären. Für die Verhältnisse eines ganzen Jahres ergeben die empirisch ermittelten sogenannten "geordneten Jahresbelastungskurven" nach Abbildung 9 einen Anhalt[52]. Zu beachten ist bei diesem Kurvenblatt, daß sich die Lastfaktoren auf die Jahreshöchstlast, nicht aber auf die verfügbare Nettoleistung beziehen. Dieser Unterschied ist jedoch praktisch nicht von Bedeutung. Er entspricht lediglich der zur Zeit der Höchstlast noch verfügbaren Reserve. Nach den Abbildungen 7 und 8 haben "alle übrigen Wärmequellen" etwa einen 4000 Volllaststunden entsprechenden Lastfaktor. Das bedeutet nach Abbildung 9 eine effektive Grundlast über ein ganzes Jahr (= 8760 h) von knapp 18 v.H. der zugehörigen Höchstlast. Bei 6000 Jahresstunden sind es erst 31 v.H. der zugehörigen Höchstlast, die aber nicht mehr zusammenhängend als Grundlast zur Verfügung stehen. Bezogen auf die insgesamt erforderliche Höchstlast aller Kraftwerksarten sind es nur 10 v.H. bzw. 17 v.H.

Stünden keine Kraftwerke mit billigerem Brennstoff als Uran zur Verfügung, so entsprächen dem Lastfaktor nach den Abbildungen 7, 8 und 9 etwa 6000 Volllaststunden oder 40 v.H. Grundlast bei 8760 Stunden bzw. 62 v.H. Grundlast bei 6000 Stunden.

Wirklich konstante Grundlast werden also nur relativ wenige Kraftwerke fahren können (etwa 10 v.H. in Westdeutschland, etwa 40 v.H. in einem anderen hochindustrialisierten Land ohne Wasserkraft oder wesentlichen Anteil an billigen Brennstoffen; stets weniger noch in schwach industrialisierten Gebieten). Hier muß noch bemerkt werden, daß sich die genannten Zahlen auf die öffentliche Stromversorgung mit einem großen Verbundnetz beziehen. Industrie-Kraftwerke liegen im Ausnutzungsgrad und in der Lastverteilung meist erheblich ungünstiger. Auf die festen Kosten gesehen, ist es zwar dasselbe, ob eine bestimmte abgegebene Leistung bzw. ein erzielter Ausnutzungsgrad α von einer konstanten Last oder einer schwankenden stammt. Für die Brennstoffkosten ist es aber keineswegs gleichgültig, da der Gesamtwirkungsgrad einer Anlage (unterhalb des Bestpunktes) mit abnehmender Last infolge des abnehmenden Turbinenwirkungsgrades sinkt (siehe Abb. 10)[53]. Gleitdruckbetriebene

---

52. L. MUSIL: "Die Gesamtplanung von Dampfkraftwerken", Berlin, Springer-Verlag 1948, S. 13.
53. RIEZLER-WALCHER: "Kerntechnik", Stuttgart, B.G. Teubner-Verlag 1958, S. 649.

Kernenergieanlagen liegen zwar im Wirkungsgradverlauf etwas günstiger als konventionelle Dampfkraftwerke (steigender Prozeßwirkungsgrad bei abnehmender Last), zeigen aber auch ein deutliches Absinken des Gesamtwirkungsgrades. (Siehe auch Abb. 14 und den zugehörigen Text in Abschnitt 3.2322.)

Um die festen Kosten einer Stromversorgung mit einem hohen Anteil an teuren Kernkraftwerken zu verringern, sind nach dem oben über den Einfluß des Ausnutzungsgrades und die Grundlastverhältnisse Gesagten Maßnahmen nötig, um den zeitlichen Lastverlauf zu vergleichmäßigen. Solche Maßnahmen sind:

1) ein ausgedehntes Verbundnetz mit vielen verschiedenen Verbrauchercharakteristiken
2) Einsatz von Pumpspeicherwerken zur Spitzenstromerzeugung
3) Einsatz von Wärmespeichern zur Spitzenstromerzeugung
4) Speicherung von "Überschuß"-Energie in elektrochemisch erzeugten Produkten.

Zu 1) Verbundnetzbetrieb

Ein weiterer Vorteil des Verbundbetriebes ist, daß die stets erforderliche Reserveleistung nur relativ wenige Anlagen erfordert, die in den Erstellungskosten niedrig sein müssen, aber höhere Brennstoffkosten haben können. Kernkraftwerke als Reserveleistung sind wegen der hohen festen Jahreskosten ungünstig.

Zu 2) Pumpspeicherwerke

Für Gefällespeicher gibt MARGUERRE[54] folgende Faustformel hinsichtlich der Anlagekosten in DM:

$$170 \cdot N \text{ [kW]} + 30 \, E_d \text{ [kWh/d]}$$

Den Energieverlust kann man mit rund 1/3 annehmen.
Die jährlichen festen Kosten einer großen Anlage zur Pumpspeicherung von 300 MW Kapazität liegen in der Größenordnung von 100 Millionen DM,

---

54. "Wirtschaftlichkeit von Wärmespeichern in Verbindung mit Reaktorkraftwerken" (Diskussion). Die Atomwirtschaft 4 (1959) Nr. 5 (S. 199).

aufgeschlossenes und geeignetes Gebiet sowie eine Annuität von etwa 7 % vorausgesetzt[55].

Zu 3) Wärmespeicher

Die Anlagekosten in DM lassen sich durch die Richtformel

$$30 \cdot N \,[kW] + 15 \, E_d \,[kWh/d]$$

wiedergeben[54].

Bei festem Belastungsverlauf sind die Speicherkosten in erster Näherung der Speicherkapazität also proportional. Sie berücksichtigen die Kosten für die Zusatzturbinen bzw. für eine Vergrößerung der Hauptturbinen, ferner den Speicherwirkungsgrad. Die Abbildungen 11 und 12 zeigen die unter gewissen Voraussetzungen erzielbare Kostenersparnis und die effektiven Anlagekosten bzw. den Kapitalanteil des Strompreises beim Einsatz von Wärmespeichern[56]. Hauptvoraussetzung ist, daß ohne Speicherung Kernkraftwerke die Spitzenlast erzeugen müßten. Dies wird allerdings selten der Fall sein.

Zu 4) Elektrochemische "Speicherung"

Der Wirkungsgrad der Ausnutzung japanischer Wasserkräfte konnte dadurch wesentlich erhöht werden, daß eine Reihe karbiderzeugender Werke ihre Produktion so gestaltet, daß sie die täglichen oder jahreszeitlichen Schwankungen des Lastverlaufs ausgleichen. Auch sollen in Japan Wasser-Elektrolysewerke nach einer kürzlich erfolgten Untersuchung ökonomischer sein als Pumpspeicherwerke[57]. Die marktwirtschaftlich sinnvolle Kapazität solcher elektrochemischer "Speicheranlagen" ist natürlich beschränkt.

Es ist nach dem Vorangegangenen klar, daß für die wirtschaftliche Beurteilung eines geplanten Kernkraftwerkes die gesamte Netz- und Verbrauchersituation in Rechnung gezogen werden muß. Eine Ausnutzungsdauer T ($= \alpha \cdot T_o$) von 6000 h und mehr im Jahr, wie sie im allgemeinen für nukleare Anlagen angegeben wird, hat das Vorhandensein von konven-

---

55. E.S. BOOTH und G. KENNEDY: "The Economics and Design of the Festiniog Pumped Storage Scheme", Weltkraftkonferenz Montreal 1958, Bericht Nr. 86 A 2/4.
56. D. SMIDT: "Wirtschaftlichkeit von Wärmespeichern in Verbindung mit Reaktorkraftwerken". Die Atomwirtschaft 3 (1958), Nr. 12, S. 510-511.
57. Referat über Bericht 8 G/11 der Weltkraftkonferenz Montreal 1958 von I. OKADA, Japan. In BWK 11 (1959), Nr. 2, S. 88.

tionellen Spitzenlastwerken oder von Speicheranlagen oder von beidem zur Voraussetzung. Diese Voraussetzung kostet aber Geld, das nicht stillschweigend der Wirtschaftlichkeitsrechnung von Kernkraftwerken zugute kommen darf.

Die spezifischen Anlagekosten K sollen hier so definiert werden, daß sie sich auf die installierte Nettoleistung beziehen und die Kosten für die schlüsselfertige Erstellung einschließlich Gelände, Geländeaufschluß, Transport und Transportversicherung sowie Bauzinsen berücksichtigen, jedoch ausschließlich der Kosten für die Brennsätze. Bei genannten Zahlen ist bis auf den Kernbrennstoff deutsche Preisbasis zugrunde gelegt. Hinsichtlich Geländeaufschluß und Transportkosten sind europäische Verhältnisse angenommen.

Die spezifischen Anlagekosten sind eine Funktion der installierten Leistung, und zwar nehmen sie bei Kernkraftwerken etwa mit der 0,4. Potenz ab:

$$K = K_o (1 + 0,01 \, m \, \zeta) \, N^{-0,4} \quad [\text{DM/kW}] \quad (4)$$

Für kleine Leistungen (< 40 MW) steigen die spezifischen Kosten stärker an, vor allem bei Typen mit einem großen kritischen Volumen wie dem Calder Hall-Typ.

Nachstehend einige Anhaltswerte für Kernkraftwerke mit dem Inbetriebnahmejahr 1963. Dabei sind Bauzinsen berücksichtigt (Zinssatz ζ in %, Bauzinsfaktor m).

Für Siedewasserreaktoren gilt:

$$K_{oA} = 7420 \text{ DM/kW}; \quad m = 1,4$$

Für organisch moderierte Reaktoren gilt:

$$K_{oA'} = 6320 \text{ DM/kW}; \quad m = 1,4$$

Für Reaktoren des verbesserten Calder Hall-Typs gilt:

$$K_{oB} = 9650 \text{ DM/kW}; \quad m = 2$$

In Gleichung (4) ist die installierte elektrische Nettoleistung in MW einzusetzen.

Die Kapitalkosten f_1 errechnen sich aus den spezifischen Anlagekosten K wie folgt:

$$f_1 = \frac{K \cdot Z}{\alpha \cdot T_o} \quad [\text{Dpf/kWh}] \quad (5)$$

Im Faktor <u>Kapitaldienst</u> Z in % sollen alle kapitalabhängigen Kostenfaktoren zusammengefaßt werden. Es sind dies:

- Zinsen
- Abschreibung
- Steuern
- Versicherung
- Verwaltungskosten

Für die Abschreibung nimmt man vorläufig meist eine Nutzungsdauer von fünfzehn Jahren an. Der tatsächliche Bereich wird etwa zwischen 10 und 40 Jahren liegen. Die bisherigen Erfahrungen mit Kernkraftwerken reichen zu genaueren Angaben über die wirtschaftliche Lebensdauer von Reaktoren nicht aus.

Die Versicherungsprämien sind aus ähnlichen Gründen noch ungewiß. Wenn der jeweilige Staat - wie es vielfach der Fall ist - einen Teil des Risikos übernimmt, dürfte ein Prämiensatz von 0,8 % im Jahr nicht wesentlich überschritten werden (Bereich 0,4 bis 1 %). In den USA rechnet man mit einem Versicherungsbetrag von 150 000 \$ je MW_{th} bei einem Mindestgesamtbetrag von 250 000 \$.

Die Gesamtsumme Z der <u>kapitalabhängigen</u> Faktoren ist i.A. von Fall zu Fall und von Land zu Land anders. Ihr Wert liegt etwa zwischen 8 und 16 %, bei freiwirtschaftlichen Verhältnissen im oberen Bereich, bei verstaatlichter Energiewirtschaft im unteren Bereich.

<u>Der Zinsverlust</u> f_2 für die Brennsätze entsteht durch die lange Frist zwischen Ankauf, Ausnutzung und Rücklieferung der Brennstoffelemente; die erforderliche Menge überschreitet außerdem die eines einzigen Brennsatzes (Lagerbestand, abklingende verbrauchte Elemente, Brennelemente in der Fertigung und auf dem Transport).

$$f_2 = \frac{K_s \cdot \zeta}{2\alpha \cdot T_o} \left(1 + \frac{t_{SA}}{t_V} \alpha \right) \quad [Dpf/kWh] \quad . \tag{6}$$

Dabei sind ζ der Zinssatz in %, α der Ausnutzungsgrad des Kraftwerkes, $T_o = 8760$ h/a, K_s = spezifischen Kosten für einen Brennsatz, bezogen auf die elektrische Nettoleistung. Diese Kosten schließen die für das Uran, für die Fabrikation und für beide Transportwege ein. t_{SA} ist die Verweilzeit der Brennstoffelemente außerhalb des Reaktors. Sie beträgt bei den amerikanischen wassergekühlten Reaktoren etwa 16 Monate, davon 3 Monate für Spaltstoffvorbereitung, 6 Monate für Lagerung im Kraftwerk,

4 Monate zum Abklingen nach dem Verbrauch und 3 Monate für Transport und Wiederaufbereitung[58]. t_V ist die Verweilzeit eines Brennstoffelementes im Reaktor bei Vollast. t_V ist gleich $A \cdot \eta \cdot \frac{G}{N}$, wobei A der erzielte Ausbrand in MWd/t, η der mittlere Gesamtwirkungsgrad des Kraftwerkes und G die Uranmenge in Tonnen ist. Dann ergibt sich t_V in Tagen. Der Wert t_{SA} / t_V ist etwa 1,5 bei Kernkraftwerken mit wassergekühlten Reaktoren (amerikanischer Typ) und 0,45 bei Kernkraftwerken des englischen Typs. Der kleinere Wert des letzteren hat seinen Grund in der wesentlich längeren Verweilzeit t_V und dem Entfallen der Wiederaufbereitungszeit, so daß t_{SA} kleiner ist.

Wie Gleichung (6) zeigt, ist die Größe f_2 <u>nicht</u> streng reziprok zu α, wie die Kapitalkosten oder die Betriebskosten.

Die <u>Betriebskosten f_3</u> sind Ausgaben für das Betriebspersonal sowie für die laufende Unterhaltung und eventuelle Reparaturen.

$$f_3 = \beta \frac{K}{\alpha \cdot T_o} \quad [Dpf/kWh] \quad . \tag{7}$$

Bei konventionellen Wärmekraftwerken betragen die jährlichen Betriebskosten rund 6 v.H. des Anlagekapitals. Berücksichtigt man, daß einerseits der spezifische Kapitalaufwand bei Kernkraftwerken das Zwei- bis Vierfache ausmacht, daß aber andererseits die Wahrscheinlichkeit des Auftretens von Reparaturen aus naheliegenden Gründen viel niedriger gehalten wird, so dürfte der Prozentsatz für Kernkraftwerke nicht wesentlich höher als 2 v.H. liegen (Bereich: 1,2 bis 3,6 v.H.).

Fassen wir formelmäßig zusammen, so ergibt sich:

$$f = f_1 + f_2 + f_3 = \frac{1}{\alpha \cdot T_o}\left\{K(Z+\beta) + \frac{\zeta}{2}K_s\right\} + \frac{K_s \cdot \zeta}{2 T_o} \cdot \frac{t_{SA}}{t_V} \quad [Dpf/kWh] \quad . \tag{8}$$

Für zur Zeit lieferbare amerikanische Siedewasserreaktoren gilt:

$$f_A = \frac{1}{\alpha}\left\{0,85(1+0,014\,\zeta)(Z+\beta)N^{-0,4} + 0,022\,\zeta\right\} + 0,032\,\zeta \quad [Dpf/kWh] \tag{8A}$$

---

58. RIEZLER-WALCHER: "Kerntechnik", Stuttgart, B.G. Teubner-Verlag 1958, S. 909.

Analog die Faustformel für zur Zeit lieferbare britische Reaktoren

$$f_B = \frac{1}{\alpha} \left\{ 1{,}1 \, (1+0{,}02\,\zeta)(Z+\beta) N^{-0{,}4} + 0{,}0245\,\zeta \right\} + 0{,}011\,\zeta \quad [\text{Dpf/kWh}] \qquad (8B)$$

Z, ζ und β sind dabei als Prozentwerte einzusetzen und N in MW.

3.2322 Brennstoffkosten

Die gewichtsbezogenen Brennstoffkosten b' setzen sich zusammen aus:

   a) den Spaltstoffkosten der Brennelemente b_1'
   b) den Fabrikationskosten der Brennelemente b_2'
   c) den Transportkosten der Brennelemente während des "Umlaufs" einschließlich Versicherung und Zoll b_3'
   d) dem Restwert des Urans b_4'
   e) der Vergütung für erzeugtes spaltbares Material b_5'
   f) den Kosten für die Aufbereitung b_6'

$$b' = \sum_{i=1}^{6} b_i' \qquad [\text{DM/kg}] \quad . \qquad (9)$$

Die Spaltstoffkosten b_1'

In den englischsprechenden Ländern kostet Urankonzentrat zur Zeit 91 DM/kg, bezogen auf den U_3O_8-Gehalt, oder 190 DM/kg Uran im Konzentrat. Man erwartet einen allmählichen Rückgang dieser Werte auf 73 DM/kg U_3O_8 bzw. 150 DM/kg Uran. In Frankreich liegen die Kosten für Urankonzentrat mit 60 % Uran zwischen 100 und 110 DM/kg[59].

Für metallisches Natururan galt bis jetzt ein Preis von 166 DM/kg. Aus kürzlichen Angeboten an Japan erfuhr man Preise zwischen 140 und 225 DM/kg. Für das Jahr 1963 wird man mit etwa 125 DM/kg rechnen.

Für auf 2 % angereichertes Uran gilt z.Z. ein US-Preis von 910 DM/kg, d.h. 46 DM pro g U 235.

Abbildung 13 zeigt die Uran-Preise der USAEC in Abhängigkeit von U-235-Konzentration (Stand vom 18.6.1956)[60].

---

59. Estimates of Nuclear Energy Production in Europe 1958 ÷ 1965. (OEEC-Bericht 1959) S. 22.
60. nach RIEZLER-WALCHER: "Kerntechnik", Stuttgart, B.G. Teubner-Verlag 1959, S. 911.

Die Kosten gelten für UF_6, so daß noch die Kosten für die Umwandlung in Uran oder die festen Uranverbindungen (z.B. UO_2) hinzukommen, die aber meist zu b_2' geschlagen werden.

Die Fabrikationskosten b_2'

Die Fabrikationskosten hängen vor allem von der Anreicherung, der Konstruktion der Brennstoffelemente und dem gewählten Canningmaterial ab. Bei den britischen Kraftwerksreaktoren wird Magnox, eine Magnesiumlegierung, verwendet: b_2' liegt hier je nach Konstruktion der Elemente zwischen 60,-- und 140,-- DM/kg Uran. Für leichtwasser-moderierte Reaktoren mit einer Aluminiumlegierung als Umhüllungswerkstoff rechnet man etwa 420,-- DM/kg U (siehe Tab. 6). Für Brennstoffelemente mit einem Canning aus rostfreiem Stahl für wasser- und natrium-gekühlte Reaktoren liegen die Fabrikationspreise um 700,-- DM/kg U. Im Rahmen spezieller Verträge (z.B. mit Euratom) garantiert die USAEC einen Maximalpreis von 100 \$ für UO_2 als Brennstoff und rostfreiem Stahl als Canning. Bei der Verwendung von Zirkonlegierungen steigt b_2' auf über 1000,- DM je kg Uran, wie z.B. bei der Shippingport-Anlage. b_2' kann also um 1 1/2 Größenordnungen verschieden sein.

Die Transportkosten b_3'

Die Kosten für Fracht, Zoll und Versicherung der Brennstoffelemente von der Herstellungsfirma zum verbrauchenden Kernkraftwerk und zurück werden zwischen 5,-- und 150,-- DM/kg U liegen, je nach Entfernung und eventuellen Zollaufschlägen. Für die meisten Entwicklungsgebiete wird der höhere Bereich zutreffen (50,-- bis 150,-- DM/kg U).

Der Restwert b_4'

Durch den Ausbrand sinken Menge und Anreicherung des Urans, bleiben aber oft noch von nicht vernachlässigbarem Wert. Maßgebend dafür ist der Spaltfaktor s, d.h. der Bruchteil des im Spaltstoff tatsächlich gespaltenen Materials[61].

$$s = \frac{A}{c \cdot q_u} \quad . \tag{10}$$

A ist der Abbrand, der hier in GWh/kg eingesetzt wird statt in MWd/t, wie es meist angegeben wird. Bei britischen Reaktoren ist der erzielbare Abbrand vor allem durch die Verringerung der Überschuß-Reaktivität

---

61. RIEZLER-WALCHER: "Kerntechnik", Stuttgart, B.G. Teubner, 1959, S. 915.

begrenzt, bei schnellen Reaktoren vor allem durch die Haltbarkeit der Elemente. In Reaktoren mit kontinuierlicher Aufbereitung (fluide Spaltstoffe) ist der Ausbrand gleich dem theoretisch möglichen Wert der Spaltstoffkonzentration c. q_U ist gleich 22 GWh/kg, d.h., die bei vollständiger Spaltung eines Kilogramms Spaltstoff entwickelte Wärmemenge.

$$s = s_{pr}(1 + s_{sek} \cdot C) . \tag{11}$$

s_{pr} ist der Spaltfaktor für den primären Spaltstoff (meist U 235), s_{sek} der Spaltfaktor für den sekundären Spaltstoff (meist Pu 239), C ist der mittlere Umwandlungsfaktor während der Expositionszeit, d.h. das Verhältnis der Menge an gebrütetem Sekundärspaltstoff zu der des gespaltenen primären Spaltstoffes. Nun ist angenähert $s_{sek} = s$ und damit

$$s_{pr} \approx \frac{s}{1 + s \cdot C} . \tag{12}$$

Damit läßt sich b_4' angeben

$$b_4' = -(1 - s_{pr}) \cdot b_{1,c'}' \quad [DM/kg] . \tag{13}$$

$b_{1,c'}'$ ist der Uranpreis bei der Spaltstoffkonzentration c';

$$c' = c(1 - s_{pr}) . \tag{14}$$

<u>Die Vergütung für erzeugtes spaltbares Material b_5'</u>

Nach dem zu b_4' Gesagten ergibt sich die Vergütung für den erbrüteten Sekundärspaltstoff zu

$$b_5' = -s_{pr} \cdot C \cdot b_{1,sek}' \quad [DM/kg] \tag{15}$$

wobei $b_{1,sec}'$ der Preis für den erbrüteten Spaltstoff (meist Pu) ist; der Plutoniumpreis ist zur Zeit noch durch die militärische Bedeutung überhöht und liegt je nach dem Gehalt an unerwünschtem Pu 240 zwischen 189 000,-- und 26 000 DM/kg. Bei langfristigen Überlegungen empfiehlt DAVIS, mit einem Pu-Preis von 50 000 DM/kg zu rechnen[62]. Bei diesem Preis und einem angenommenen Konversionsfaktor von 0,584 ergeben sich die in Tabelle 7 angegebenen Vergütungen für Plutonium und den Uranrestwert in Abhängigkeit von der Ausgangsanreicherung und dem Ausbrand.

---

62. W. Kenneth DAVIS: "Where do we stand to-day?", Nucleonics <u>16</u> (1958) Nr. 1, S. 49.

Tabelle 7

Wert des in bestrahltem Uran enthaltenen spaltbaren Materials[*]

Abbrand A	Anfangsanreicherung c an U 235 [%]	Uranwert (DM/kg Brennstoff)	Plutoniumwert (DM/kg Brennstoff)	Gesamtwert (DM/kg)
2 000 MW d/t	0,7	83	58	141
2 000 MW d/t	1,0	210	75	285
2 000 MW d/t	2,0	727	58	785
2 000 MW d/t	3,0	1 463	54	1 517
4 000 MW d/t	0,7	33	208	241
4 000 MW d/t	1,0	129	129	258
4 000 MW d/t	2,0	626	108	734
4 000 MW d/t	3,0	1 234	104	1 338
10 000 MW d/t	0,7	4	228	232
10 000 MW d/t	1,0	21	228	249
10 000 MW d/t	2,0	423	224	647
10 000 MW d/t	3,0	850	220	1 070

[*] Annahmen: Pu-Preis 50 000 DM/kg; Konversionsfaktor C = 0,584

Von diesen Werten sind (außer den getrennt berücksichtigten Posten des Transports und der Aufbereitung) noch die Aufwendungen für die Umwandlung des Uranylnitrats in UF_6 und des Plutoniumnitrats in metallisches Pu abzuziehen. Sie betragen etwa 40,-- DM/kg für Natururan und etwa 51,-- DM/kg für angereichertes Uran.

Die Aufbereitungskosten b_6'

Das Wiederaufbereiten des verbrauchten Brennstoffes umfaßt das Entfernen der Spaltprodukte und das Abtrennen des Plutoniums. Für eine Charge von Uranoxydelementen mit Stahl- oder Zirkonumhüllung rechnet man in den USA einschließlich Anfahr- und Auslaufzeit der Anlage und deren Reinigung mit 83,-- bis 100,-- DM/kg Uran. Eine Großanlage von 1000 t Jahresdurchsatz, die ein und denselben Brennelementtyp verarbeitet, soll nach theoretischen Studien der Eurochemie Preise um 33,-- DM/kg ergeben. Die Aufbereitungskosten sind praktisch unabhängig von der Spaltstoffkonzentration in den Ausgangsbrennelementen. Die von den USA genannten Zahlen für den energiebezogenen Preis der Wiederaufbereitung (z.B. 0,17 Dpf/kWh bei der Yankee-Anlage) sind stark subventioniert. Sie werden erst dann wirtschaftlich werden, wenn ein großer stetiger Markt vorhanden ist. Immerhin garantiert die USAEC Zahlen dieser Größenordnung auch in Verträgen mit dem Ausland.

Brennstoffkosten bezogen auf die Netto-Energieeinheit

Diese Kosten seien zum Unterschied zu den Gewichtskosten mit b_i statt b_i' bezeichnet. Es gilt

$$b_i = \frac{100 \, b_i'}{A \cdot \eta} \quad [\text{Dpf/kWh}] . \tag{16}$$

Hier ist A in kWh/kg statt in MWd/t anzugeben. Der Wirkungsgrad η ist gemittelt über die Betriebszeit zu nehmen. Abbildung 14 zeigt den Einfluß des Ausnutzungsgrades α auf den Wirkungsgrad von Kernkraftwerken und konventionellen Wärmekraftwerken. Abbildung 14 wurde ermittelt aus Abbildung 10 und einer empirisch gefundenen Kurve für $\eta(\alpha)$ bei konventionellen Wärmekraftwerken.

Es ergibt sich also zusammengefaßt:

$$b = \frac{100}{A \eta(\alpha)} \left\{ b_1'(c) + b_2'(\text{El.-konstr.; Canning}) + b_3'(\text{Entf.,-Zoll}) + b_4'(A,c,C) + \right. \tag{17}$$
$$\left. + b_5'(A,c,C) + b_6'(\text{subv.}) \right\} \quad [\text{Dpf/kWh}] .$$

Nach den Bestimmungen im Vertrag zwischen der USAEC und Euratom werden die Brennstoffkosten etwas anders berechnet[63]. Danach läßt sich folgende Formel aufstellen:

$$b^* = \frac{100}{A \eta} \left\{ (1 + 0{,}0075 \, \zeta_b) b_1' + b_2' + b_3' - 0{,}99 g \left[(b_{1,c'}' - a_u)(b_{Pu}' - a_{Pu}) s_{pr} C \right] + \right. \tag{17a}$$
$$\left. + g \, b_6'^{*} \right\} + \frac{(\zeta_b b_1' + 100 \, Z_B) U_R}{N \, \bar{\alpha} \, T_0} \quad [\text{Dpf/kWh}]$$

Neu eingeführt sind hier die Bezeichnungen:

- ζ_b = Zinssatz für Spaltstoff bzw. Benutzungsgebühr für angereichertes Uran [%]
- g = Gewichtsverhältnis des Urans im ausgebrannten Element zu dem im neuen Brennstoffelement
- a_U = Kosten für die Umwandlung des abgetrennten Resturans im Uranhexafluorid [DM/kg]

---

63. Gemeinsames Atomkraftwerksprogramm Euratom/USA. Anhang C, Anlage 1, Seite 1 bis 4. (Bericht der Euratomkommission EUR/C/1905/5/58d, deutsche Fassung).

a_{Pu} = Kosten für die Umwandlung von Plutoniumnitrat in metallisches Pu [DM/kg]

$b_6'^*$ = Kosten für die Brennstoffelement-Aufbereitung ohne die mit a_U und a_{Pu} belasteten Vorgänge [DM/kg]

U_R = Notwendiges Spaltstoffinventar [kg]

Z_B = Kosten durch die Umschlagszeit für die Aufarbeitung der Brennstoffelemente [DM/kg]

Werden ferner b_i' in DM/kg, A in kWh/kg und N in kW_e angegeben, so ergibt sich b in Dpf/kWh. Wichtig ist, daß in b^* bereits der Zinsverlust für das Brennstoffinventar enthalten ist (im Gegensatz zu b).

Bei organisch-moderierten Kernkraftwerken kommen zu den eigentlichen Brennstoffkosten noch die Aufwendungen für den laufenden Ersatz des Kühlmittels hinzu, welches während des Betriebes polymerisiert (0,4 bis 0,5 Dpf/kWh). Die Kostenaufschlüsselung hierfür entspricht den Positionen b_1, b_3, b_4 und b_6. Die Brennstoff- und Moderatorkosten organisch-moderierter Kernkraftwerke liegen um 2,4 Dpf/kWh. Die relativ geringen Anlagekosten infolge des niedrigen Betriebsdruckes und der vernachlässigbar geringen Korrosion im Primärsystem schaffen einen gewissen Ausgleich.

Für große amerikanische Druck- und Siedewasserreaktoren mit H_2O als Kühlmittel und Moderator ist

A = 7000 bis 10 000 MWd/t

η = 25 bis 34 v.H. im Bestpunkt

b_1 = 2,2 bis 2,9 Dpf/kWh

b_2 = 1,2 bis 1,6 Dpf/kWh (bei rostfreiem Stahl als Canning)

b_3 = 0,2 Dpf/kWh bei Standort in Europa

b_4 = -1,5 bis -2,0 Dpf/kWh

b_5 = -0,4 bis -0,6 Dpf/kWh

b_6 = ca. 0,6 Dpf/kWh

b = 1,2 bis 3,0 Dpf/kWh. Bei der amerikanischen Siedewasser-Reaktoranlage für die SENN (Italien, Angebot von 1958) wurde ein b von 1,9 Dpf/kWh genannt[64].

---

64. F. IPPOLITO und Corbin ALLARDICE: "Project ENSI - A joint Government of Italy-World Bank Study of a large Nuclear Power Plant in Southern Italy", Genfer Berichte, 1958, Nr. 1120.

Für große Kernkraftwerke vom verbesserten Calder Hall-Typ gilt:

A = 2 000 bis 3 000 MWd/t
η = 23 bis 30 v.H. im Bestpunkt
b_1 = 0,8 bis 1,1 Dpf/kWh
b_2 = 0,3 bis 0,5 Dpf/kWh
b_3 = ca. 0,1 (für Europa) Dpf/kWh
b_4 = 0
b_5 = - 0,5 bis - 0,7 Dpf/kWh
b = 0,7 bis 1,2 Dpf/kWh.

3.2323 Die Gesamtkosten der Kilowattstunde

Die Gesamtkosten k der Kilowattstunde sind die Summe der festen Kosten f und der Brennstoffkosten b. Man kann k vereinfacht darstellen als hyperbolische Funktion der Variablen α und A bzw. α und s in der Form

$$k \approx \frac{D_1}{\alpha} + \frac{D_2}{A} = \frac{D_1}{\alpha} + \frac{D_2'}{s} \quad [\text{Dpf/kWh}] . \tag{18}$$

Für die Darstellung der Stromkosten bei "eingefrorenem" technischen Stand eignet sich eine andere Darstellung besser als Gleichung (18). Sie ergibt sich aus den Gleichungen (8) und (17), wenn man letztere so umformt:

$$b = \frac{b_o \eta_o}{\eta(\alpha)} = \frac{b_o \eta_o}{\eta(T)} \quad [\text{Dpf/kWh}] . \tag{17b}$$

b_o bedeutet die Brennstoffkosten im Bestpunkt (bei η_o) für einen bestimmten Reaktortyp bei fester Konstruktion und Auslegung sowie fest angenommenem Reaktorstandort. Dann wird:

$$k = k(T,N,Z,\zeta) = k = \frac{1}{T}\left\{k_o(1+0,01m\zeta)(Z+\beta)N^{-0,4} + k_s\frac{\zeta}{2}\right\} + \frac{k_s t_{SA}}{2T_o t_v}\zeta + \frac{b_o \eta_o}{\eta(T)} \left[\frac{\text{Dpf}}{\text{kWh}}\right] \tag{19}$$

Unter Zugrundelegung dieser Gleichung wurden die Kurvenblätter Abbildung 15 bis 34 aufgestellt. Als Reaktortypen wurden der Siedewasserreaktor, der organisch-moderierte Reaktor (beide von amerikanischer Entwicklung) und der verbesserte Calder Hall-Typ (britisch) einander gegenübergestellt. Die verwendeten Konstanten sind Werte aus Informationen, die der Verfasser bei der 2. internationalen Konferenz zur friedlichen Anwendung der Atomenergie in Genf 1958 offiziell oder inoffiziell erhalten konnte, untermauert durch Zahlen aus neuen verbindlichen Angeboten an kontinentale europäische Partner (siehe auch die

Gleichungen 4, 8 A und 8 B). Dabei ist bewußt versucht worden, mit den kritischen Augen des Elektrizitätserzeugers zu sehen. Außerdem sind offensichtliche Preisnennungen unter Wert als nicht allgemein verwendbar unberücksichtigt geblieben. Für den technischen Stand, der den Abbildungen 15 bis 34 zugrundeliegt, ist das angenommene Inbetriebnahmejahr 1963 maßgebend.

Die Brennstoffkostenkonstante b_o wurde mit 1,9 Dpf/kWh für den Siedewasserreaktor, mit 2,4 Dpf/kWh für den organisch-moderierten Reaktor (einschließlich Moderatornachfüllung) und mit 1,0 Dpf/kWh für den gasgekühlten britischen Typ eingesetzt. Diese Zahlen hängen nicht nur vom technischen Stand, sondern sehr wesentlich auch von staatlichen Subventionen der USA bzw. Großbritanniens ab (siehe Abschnitt 3.122). Bei wesentlichen Änderungen (Δb_o) lassen sich die Kurvenblätter trotzdem benutzen, wenn man unter Verwendung von Abbildung 14 den Stromkosten den Term $\Delta b_o \, \eta_o/\eta(T)$ hinzufügt.

Zum Vergleich mit den Kernkraftanlagen sind jeweils entsprechende Kurven für ein konventionelles Wärmekraftwerk gleicher Nettoleistung mit angegeben, und zwar bei verschiedenen Brennstoffkosten bzw. Wärmepreisen. Diesen Kurven liegt die Gleichung (20) zugrunde, welche in ihrem Aufbau Gleichung (19) entspricht

$$k_{konv} = \frac{k_o(1+0,01\,m\,\zeta)(Z+\beta)}{T \cdot N^{1/3}} + \frac{b_o \eta_o}{\eta(T)} \quad . \tag{20}$$

$m = 0,9$
$\beta = 6\,\%$
$b_o = 0,25 \cdot P_M \qquad P_M = $ Brennstoffpreis in DM / 10^6 kcal.
$\eta_o/\eta(T)$ aus Abbildung 14.

Die Abbildungen 15 bis 26 zeigen den Strompreis als Funktion der Ausnutzungsdauer $T = \alpha \cdot T_o$ für jeweils eine der vier Nettoleistungsstufen 50 MW, 100 MW, 150 MW und 200 MW bei

$Z = 16\,\%$ mit $\zeta = 8\,\%$,
$Z = 12\,\%$ mit $\zeta = 6\,\%$ und
$Z = 8\,\%$ mit $\zeta = 4\,\%$.

$Z = 16\,\%$ bei $\zeta = 8\,\%$ entspricht einer Abschreibungsdauer von 15 Jahren sowie rund 3 % an Steuern, Versicherung und Verwaltungskosten. $Z = 12\,\%$ bei $\zeta = 6\,\%$ entspricht ebenfalls einer Abschreibungsdauer von 15 Jahren bei rund 2 1/2 % für Steuern, Versicherungs- und Verwaltungskosten.

Beim niedrigsten Kapitaldienst von Z = 8 % bei ζ = 4 % ist angenommen, daß eine Abschreibungsdauer von 20 Jahren zulässig ist, daß keine Steuern gezahlt werden und daß sich die Versicherungs- und Verwaltungskosten auf nur rund 0,5 % belaufen.

Die Abbildungen 27 bis 29 zeigen den Strompreis als Funktion der Nettokapazität, und zwar für eine Ausnutzungsdauer T = $\alpha \cdot T_o$ von 4000 h/a bei den obengenannten Zins- bzw. Kapitaldienststufen. Die Abbildungen 30 bis 32 geben die entsprechenden Kurven für T = 6000 h/a wieder.

Einen funktionalen Überblick über die relativen wirtschaftlichen Vorteile der drei betrachteten Kernkraftwerksformen gibt Kurvenblatt Abbildung 33. Es sind hier die kWh-Kostenschnittpunkte von je zwei Typen derart wiedergegeben, daß die zugehörigen Werte der jährlichen Ausnutzungsdauer, T_S als Funktion der installierten Leistung aufgetragen sind, wobei der Kapitaldienstfaktor Z bzw. der Zinssatz ζ als Parameter auftreten. Bei gegebenem Wertepaar Z, ζ läßt sich nunmehr für jede beliebige installierte Leistung diejenige Ausnutzungsdauer in h/a angeben, oberhalb derer der Typ mit den höheren Installierungskosten günstiger, und unterhalb derer der mit den höheren Brennstoffkosten wirtschaftlicher ist. Mit zunehmendem Kapitaldienst liegt natürlich die zugehörige T_S (N)-Kurve höher, d.h., wird der Vorzugsbereich der Anlagen mit relativ geringen Installierungskosten größer und umgekehrt. Mit zunehmender Leistung vergrößert sich andererseits der Vorzugsbereich der Anlagen mit den niedrigeren Brennstoffkosten.

Zum allgemeinen Vergleich zwischen Kernkraftwerken aller drei betrachteten Typen einerseits und konventionellen Wärmekraftwerken andererseits dient Abbildung 34. Hier ist als Funktion der installierten elektrischen Nettoleistung derjenige Wärmepreis für den konventionellen Brennstoff aufgetragen, der im Vergleich mit dem jeweils günstigsten der betrachteten Kernkraftwerkstypen den gleichen Strompreis ergäbe. Parameter sind der Kapitaldienst bzw. Zinssatz und die Ausnutzungsdauer T = $\alpha \cdot T_o$. Für grundsätzliche Betrachtungen darüber, ob der Strombedarf um 1963 an einem bestimmten Ort aus einem Kernkraftwerk oder aus einem konventionellen Wärmekraftwerk gedeckt werden sollte, ist dieses Schaubild 34 besonders nützlich. Seine sinnvolle Anwendung setzt voraus, daß der voraussichtliche Ausnutzungsgrad sowie die Brennstoffkosten am Verbrauchsort für die in Frage kommende Energiemenge sorgfältig abgeschätzt werden.

Bei den Abbildungen 15 bis 34 sind die Kurven für den organisch-moderierten Reaktor dünn ausgezogen zum Zeichen dafür, daß über diesen Anlagetyp zur Zeit noch wenig Erfahrungen existieren.

3.24 Direkte Nutzung der Spaltungsenergie und der Strahlung am und im Kernreaktor

3.241 Chemie-Kernreaktoren mit Benutzung der kinetischen Kernfragmentenergie

Die bei der Spaltung eines Urankernes frei werdende Energie teilt sich, wie in Tabelle 8 angegeben, auf:

Tabelle 8

Verteilung der Spaltungsenergie eines Urankernes

1	Kinetische Energie der Kernfragmente	162 MeV ≅	84,0 v.H.
2	Kinetische Energie der Neutronen	5 MeV ≅	2,6 v.H.
3	Prompte Gammaenergie	5 MeV ≅	2,6 v.H.
4	Gammaenergie durch Neutroneneinfang	10 MeV ≅	5,2 v.H.
5	Gammaenergie aus dem Zerfall der Spaltprodukte	6 MeV ≅	3,0 v.H.
6	Betaenergie aus dem Zerfall der Spaltprodukte	5 MeV ≅	2,6 v.H.
		193 MeV ≅	100 v.H.

Da durch thermodynamische Kreisprozesse nur ein Viertel bis höchstens ein Drittel der letztlich als Wärme erscheinenden Reaktorenergie in Elektrizität umgeformt werden kann, ist jede Methode von Bedeutung, die eine zusätzliche Energieausnutzung erreicht. Dazu gehört die Möglichkeit, die Spaltungsenergie direkt zur Durchführung chemischer Prozesse zu benutzen.

Ein Blick auf Tabelle 8 zeigt, daß es wünschenswert ist, vor allem die kinetische Energie der Urankernbruchstücke auszunutzen. Geometrische Betrachtungen sowie die experimentelle und theoretische Ermittlung von G-Werten (Molekülanzahl der erzeugten chemischen Substanz je 100 eV an absorbierter Energie) ergeben aber, daß im günstigsten Falle nur etwa 1,5 v.H. der Reaktorleistung direkt in geeignete chemische Energie überführt werden kann[65]. Die restlichen 98,5 v.H. stehen jedoch noch

---
65. J.K. DAWSON: "The Possibility of the Direct Application of Fission Recoil Fragment Energy to Industrial Chemical Processes", Genfer Berichte, 1958, Nr. 76.

zur Erzeugung von Dampf bzw. Elektrizität zur Verfügung, so daß die
Kombination von beidem wirtschaftliche Vorteile bringen mag. Weiterhin
sei daran erinnert, daß beispielsweise die Polymerisationswirkung der
Strahlung die Schaffung neuer Produkte (z.B. spezieller Kunststoffe und
Gummiarten) ermöglicht, die auf anderem Wege nicht herzustellen wären.
Ferner sind die Energiewirkungsgrade bei chemischen Synthesen oft niedrig, so daß die obengenannten 1,5 v.H. allein schon deswegen nicht
vernachlässigbar gering sind. Beispielsweise hat der Lichtbogenprozeß
bei der Salpetersäure-Fabrikation nach Birkland-Eyde einen Energie-
wirkungsgrad von rund 5 v.H. Wird der erforderliche elektrische Strom
in Wärmekraftwerken erzeugt, so ist der gesamte Wirkungsgrad nur etwa
1,7 v.H. und damit durchaus in der gleichen Größenordnung. Vorläufige
Wirtschaftlichkeitsabschätzungen ergeben für $G = 5$ einen etwa 50 v.H.
höheren Preis für Salpetersäure als beim konventionellen Verfahren.
Dabei ist eine Ausbeute von 20 t/d für einen Reaktor mit 50 MW Wärmeleistung zugrunde gelegt. Höhere G-Werte und damit Preisreduktionen liegen aber im Rahmen des technisch Erreichbaren. Untersuchungen über die
Ammoniak-Synthese, die Hydrazin-Synthese sowie die Strahlungsdissoziation
von Wasser zu Knallgas lassen zur Zeit dagegen keine wirtschaftlichen
Möglichkeiten erkennen[66].

Als Reaktortyp kommt für chemische Reaktionen in der Gasphase vor allem ein schwerwasser-moderierter, gasgekühlter Reaktor in Frage, bei dem
die konventionellen Brennstoffelemente durch eine Suspension feiner
Spaltstoffpartikel ersetzt sind. Für Flüssigkeitsreaktionen bieten sich
entsprechend flüssigkeits-gekühlte Reaktoren mit einer Spaltstoffauf-
schwemmung an. Lösliche Spaltstoffverbindungen würden zusätzliche
chemische und werkstofftechnische Komplikationen bringen.

Die Reichweite der Kernbruchstücke vom Ort der Spaltung beträgt in UO_2
etwa 7 mü. Die Partikeldurchmesser müssen also darunter liegen, wenn
die direkte Spaltungsenergie weitgehend ausgenutzt werden soll. Ferner
ist zu beachten, daß in gasgekühlten Natururanreaktoren der Geometrie-
faktor nur etwa 0,015 beträgt gegenüber 0,2 bis 0,3 bei hochangereicher-
ten heterogenen Reaktoren, so daß für Chemie-Kernreaktoren vor allem
hochangereicherter Brennstoff in Frage kommt.

---

66. J.K. DAWSON: "The Possibility of the Direct Application of Fission
    Recoil Fragment Energy to Industrial Chemical Processes", Genfer
    Berichte, 1958, Nr. 76.

Alle bisherigen Betrachtungen einschließlich der Wirkungsgrade und der Wirtschaftlichkeit haben zur Voraussetzung, daß keine Oberflächenkatalyse die Abläufe beschleunigt. Sollten Spaltstoffverbindungen oder neutronenphysikalisch und verfahrenstechnisch zulässige Zusätze gefunden werden, die wesentliche katalytische Wirkung zeigen, so wird das Gesamtbild günstiger.

Ein ernstes Problem für Chemie-Kernreaktoren mit Benutzung der kinetischen Kernfragmentenergie ist in jedem Falle die Verseuchung des Erzeugnisses durch Spaltprodukte. Es sind Dekontaminierungsfaktoren der Größenordnung 10^7 bis 10^8 erforderlich, die jedoch durch Destillation grundsätzlich erreichbar sind[67].

3.242 Kernreaktoren als Strahlenquellen

Ein technologisch einfacherer Weg als der im vorigen Abschnitt beschriebene ergibt sich, wenn man sich auf die Ausnutzung der Gamma- und Neutronenstrahlung beschränkt, die freilich im Gesamtenergiebetrag wesentlich unter dem liegt, was bei Reaktoren nach 3.241 verfügbar ist. Die Bestrahlung der gewünschten Stoffe kann auf mehrfache Weise erfolgen:

1) durch Anordnung der Stoffe in Kammern oder Kanälen zwischen Abschirmung und Reaktorkern, oder am Ende von Strahlrohren bzw. thermischen Säulen, die vom Reaktorkern durch die Abschirmung nach außen führen;
2) durch Anordnung der Stoffe in Kammern oder Kanälen im Reaktorkern;
3) durch Anordnung der Stoffe außerhalb des Reaktors und Bestrahlung durch das aktivierte Reaktorkühlmittel;
4) durch Anordnung der Stoffe außerhalb des Reaktors und Bestrahlung durch ein umlaufendes flüssiges Arbeitsmittel, das jedoch nicht zur Reaktorkühlung dient;
5) durch Anordnung der Stoffe außerhalb des Reaktors und Bestrahlung durch von einem Reaktor mit fluidem Spaltstoff abgepumpte gasförmige Spaltprodukte.

Bei 1) und 2) wird das bestrahlte Gut weitgehend dem Neutronenbeschuß ausgesetzt, vor allem bei 2). Das ist aber vielfach unerwünscht, besonders bei Nahrungs- und Genußmitteln, Arzneien usw. Man geht in diesem Falle zu den Möglichkeiten 3), 4) oder 5) über, wenn man nicht

---

67. J.K. DAWSON: "The Possibility of the Direct Application of Fission Recoil Fragment Energy to Industrial Chemical Processes", Genfer Berichte, 1958, Nr. 76.

Strahlungsquellen verwenden möchte, die unabhängig vom Reaktorstandort sind (Beschleuniger oder Radioisotopen; letztere siehe Abschnitt 3.3). Als aktivierbares Kühlmittel bei Punkt 3) sei flüssiges Natrium genannt, welches ohnehin bei Natrium-Graphit-Reaktoren sowie bei schnellen Reaktoren Verwendung findet. In thermischen Reaktoren gleicher Leistung ist die spezifische Aktivität des Natriums größer als in schnellen Reaktoren. Sie liegt in der Größenordnung von 1 kC/l. Für eine Bestrahlungszelle ist eine Natriumschicht in den Wänden von 100 mm und mehr erforderlich. Das Natrium muß außerdem gegenüber den normalen Betriebswerten von 250 bis 500°C erheblich heruntergekühlt werden. Wartungsschwierigkeiten sind entgegen den vielfach vorhandenen Vorurteilen nicht zu erwarten, da die Erfahrung gezeigt hat, daß Natriumsysteme, wenn sie einmal dicht sind, auch dicht bleiben.

Für den unter 4) genannten Fall ist eine Indiumsulfatlösung als Arbeitsmittel vorgeschlagen worden, die durch Rohre im Reflektor gepumpt wird[68].

Bei Reaktoren mit feinverteiltem Spaltstoff und kontinuierlicher Entfernung zumindest eines Teils der Spaltprodukte (z.B. bei den homogenen Lösungsreaktoren) können die gasförmigen Spaltprodukte laufend abgepumpt und in Aktivkohle außerhalb des Reaktors gespeichert werden. Innerhalb von 24 Stunden ist der größte Teil von ihnen zerfallen. Im ersten Zeitabschnitt machen die gasförmigen Spaltprodukte aber über 20 v.H. der Gammastrahlungsenergie der Spaltprodukte aus, so daß theoretisch etwa 1 v.H. der gesamten thermischen Reaktorleistung für technische Strahlung zur Verfügung steht. Diese nach obiger Aufstellung fünfte Möglichkeit der Verwendung eines Kernreaktors als Strahlenquelle ergibt folgende Strahlungsmengen: je 100 MW Wärmeleistung des Reaktors können etwa 30 MC an Gammastrahlung der gasförmigen Spaltprodukte ausgenutzt werden. Das entspricht der Bestrahlung von täglich rund 1000 t Material mit einer Dosis von 10^6 Röntgen oder rep.

3.243 Anwendungsmöglichkeiten starker Strahlungsquellen

Unter starken Strahlungsquellen sollen hier Gammaquellen von 10^4 Curie und mehr verstanden werden oder Neutronenquellen bzw. elektrische Erzeuger energiereicher Quanten mit vergleichbaren Strahlungsleistungen.

---

68. W.H. ZINN und R.P. GODWIN: "The Use of Nuclear Energy for Purposes other than the Generation of Electricity". Genfer Berichte, 1958, Nr. 1831.

Praktisch kommen vor allem die in Abschnitt 3.242 genannten Möglichkeiten in Frage, ferner Anordnungen von Co 60, Sr 90 und Cs 137 (siehe Abschnitt 3.3).

Nachstehend eine Aufstellung der wichtigsten Anwendungszweige:

A. Wissenschaft

    1) Naturwissenschaftliche Grundlagenforschung (Physik, Chemie)

    2) Medizinisch-biologische Grundlagenforschung

B. Technik

    1) Produktion von Radioisotopen

    2) Werkstoffkundliche Zweckforschung und Aktivierungsanalysen

    3) Polymerisation organischer Moleküle

    4) Chlorierung organischer Moleküle

    5) Vernetzung von Polymeren

    6) Mineralölraffination

C. Landwirtschaft und Nahrungsmittelindustrie

    1) Nahrungsmittel-Sterilisation

    2) Verbesserung der Lagerfähigkeit leichtverderblicher Güter

    3) Reifungsverzögerung von Früchten

    4) Keimverhinderung von pflanzlicher Nahrung

    5) Saatschutz

    6) Entwicklung neuer Arten von Nutzpflanzen

    7) Schädlingsausrottung

D. Medizinische Anwendungen

    1) Tiefenbestrahlung

    2) Sterilisation von medizinischen Instrumenten und Zubehör

    3) Sterilisation von Transplantationsteilen

    4) Sterilisation von hitzeempfindlichen Pharmazeutika.

Von dieser Aufzählung beziehen sich A. 1), 2) und B. 2) auf alle Strahlungsarten, B. 1) auf Neutronen, alle anderen praktisch nur auf Gammastrahlen.

Zu A. Wissenschaftliche Anwendungen

Es würde den Rahmen dieser Arbeit sprengen, alle in Frage kommenden Forschungsgebiete aufzuzählen. Als Beispiele seien genannt: Neutronenphysik, analytische Chemie (Aktivierungsanalyse), Erforschung organischer Synthesen, Metall- und Legierungsforschung.

Zu B. 1) Radioisotopenproduktion

Durch Neutronenbeschuß einer stabilen Atomkernart mit der Massenzahl M und den Neutroneneinfangsquerschnitt σ [10^{-24} cm^2] in einem Kernreaktor mit einem Neutronenfluß ϕ [n/cm^2 sec) an dem Ort der eingebrachten Materialien entsteht in der Zeit t eine andere, durchweg radioaktive Atomkernart mit einer spezifischen Aktivität von

$$S = 1{,}62 \cdot 10^{-11} \frac{\phi \sigma}{M} (1 - e^{-0{,}69\,t/T}) \quad [\text{Curie/g}] \tag{21}$$

1 Curie $= 3{,}7 \cdot 10^{10}$ Zerfälle/sec

T $=$ Halbwertszeit (gleiche Einheit wie t)

0,69/T $=$ Zerfallskonstante λ

Die meisten chemischen Elemente sind auf diese Weise zu aktivieren und lassen sich dann für sehr verschiedenartige industrielle, wissenschaftliche und medizinische Zwecke verwenden (siehe Abschnitt 3.21). Durch einen (n,γ)-Prozeß entstehen Isotope des Ausgangsstoffes, jedoch mit der Massenzahl A + 1, durch einen (n,p)-Prozeß Isotope mit der Massenzahl M eines chemischen Elementes mit einer um 1 verringerten Ordnungszahl, und durch einen (n,α)-Prozeß Isotope mit der Massenzahl M- 3 eines chemischen Elementes mit einer um 2 verringerten Ordnungszahl. Von besonderer Bedeutung ist das Radioisotop Co 60 wegen seiner großen spezifischen Aktivierbarkeit, hoher Gammaenergie, relativ langen Halbwertszeit und technologischen Vorzügen. Der Preis für 1 Curie Co 60 rangiert je nach der spezifischen und absoluten Aktivität zwischen DM 8,-- und DM 50,--. Die je Wärmeleistungseinheit und Jahr in einem speziellen Co 60-Konverter erzielbare Aktivität an Co 60 läßt sich wie folgt angeben[69]:

$$A = 3{,}27 \cdot 10^{10} C \frac{1 - e^{-\lambda t}}{t} \quad [\text{kC/MWa}] \tag{22}$$

C ist der Konversionsfaktor, definiert in Anlehnung an Plutoniumkonverter.

---

69. W.H. ZINN und R.P. GODWIN: "The Use of Nuclear Energy for Purposes other than the Generation of Electricity", 2. Internationale UN-Konferenz über die friedliche Nutzung der Atomenergie, 1958, Paper 1831.

C gibt die einzelnen der Co-60-Kerne an, die je in einem U-235-Kern erzeugt werden. Bei einem Reaktor der Größenordnung 100 MW ist $C \approx 0,7$.

λ = Zerfallskonstante des Co 60, nämlich $0,415 \cdot 10^8$ sec^{-1}

t = Expositionszeit im Reaktor sec

Bei einer effektiven Ausnutzungszeit des Reaktors von 80 v.H. ergibt sich für A ein Wert von 70 kC/MWa. Nimmt man an, daß die Extrakosten für die Handhabung von Radioisotopen bei einem speziellen Co-60-Konverter durch das Entfallen von Maßnahmen für hohen Druck und hohe Temperatur kompensiert werden, so ergeben sich nach ZINN[70] folgende Kosten:

etwa 2,20 DM/Curie bei 20 % Annuität
etwa 1,80 DM/Curie bei 10 % Annuität

Eine Aufschlüsselung der Kosten zeigt Tabelle 9.

Tabelle 9

Kosten der Co-60-Produktion in einem speziellen Konverterreaktor

Kostenfaktor	DM/Curie
Kapitalbelastung bei 20 % Annuität (spezifische Reaktorkosten DM 290,--/MW$_{th}$)	0,830
Betriebskosten (3,1 Mill. DM/a an Kosten für Co, Labor, Versicherung, Transport, Abfall und Verschiedenes)	0,445
Abbrandkosten an U 235 bei 71,-- DM/g und einem Lastfaktor von 80 v.H.	0,400
Fabrikationskosten der Brennelemente bei einem Ausbrand von 30 v.H. und bei spezifischen Fabrikationskosten von 21,-- DM/g U 235	0,385
Chemische Brennstoffaufbereitung bei 8,30 DM/g U 235	0,108
Umwandlung von Uranylnitrat zu Hexafluorid bei 132,-- DM/g U 235	0,002
Benutzungszins (4 % vom U 235-Wert)	0,054
	2,224

Fußnote 70 siehe Seite 64.

Vergleicht man diese um 2,-- DM/Curie liegenden Kosten mit den zur Zeit geltenden Preisen, so erscheint der Gedanke eines speziellen Co-Konverters durchaus lohnend. Hinsichtlich der Nachfrage sieht es aus, als ob Kilocurie- und Megacuriequellen mehr und mehr gefordert werden. Ein Reaktor von 100 MW_{th} kann im Jahr zwei bis drei 2-MC-Co-60-Quellen liefern sowie den laufenden Ersatz für 30 solcher Einheiten entsprechend dem Abklingen der Aktivität.

Ein anderer Radioisotopen-Konverter wäre für die Produktion von Tritium aus Lithium nach der (n,α)-Reaktion denkbar. Tritium ist wichtig für die Kernfusion sowie als schwacher reiner Betastrahler zur Anregung von Lumineszenz-Warnlichtern.

Zu B. 3) Strahlungspolymerisation

Durch die Absorption von Strahlen durch ein Molekül werden entweder Ionisation oder Anregungszustände hervorgerufen. Endprodukt der Folgereaktionen ist gewöhnlich ein freies Radikal, das unter geeigneten Temperatur- und Druckbedingungen zur Polymerisation führen kann. Verglichen mit Prozessen, die feste Freiradikal-Katalysatoren verwenden, sind hier wesentlich geringere Druck- und Temperaturwerte erforderlich. Zur Polymerisation von Polyäthylen benutzt man bisher den Hochdruckprozeß unter 1000 bis 2000 atü und bei etwa 200°C. Unter Bestrahlung kann demgegenüber eine Polymerisation bereits bei Drücken unter 1 atü und bei Zimmertemperatur eingeleitet werden. Dadurch vereinfacht sich nicht nur das Verfahren, sondern es werden auch unerwünschte Molekülkettenverzweigungen vermieden, die sonst durch die hohe Temperatur entstehen. Außerdem gelangen keine fremden Katalysatormoleküle in das System.

Ein besonders interessantes Phänomen ist die durch Bestrahlung eingeleitete Pfropfpolymerisation, wodurch die günstigen Eigenschaften zweier Polymere in einem einzigen Polymer zusammengefaßt werden können[71].

Die für Strahlungspolymerisation erforderlichen Dosen liegen zwischen 10^5 und 10^6 Röntgen, die G-Werte liegen meist weit über 1000 und gehen hinauf bis zu einer Million. Bei der Emulsions-Polymerisation von

---

70. W.H. ZINN und R.P. GODWIN: "The Use of Nuclear Energy for Purposes other than the Generation of Electricity", 2. Internationale UN-Konferenz über die friedliche Nutzung der Atomenergie, 1958, Paper 1831.
71. R. ROBERTS: "Die industrielle Verwendung von Spaltprodukten", Atompraxis 3 (1957) Nr. 6, S. 215.

Vinylazetat z.B. ist ein G-Wert von etwa 10^5 beobachtet worden. Die Kosten für die Bestrahlungspolymerisation liegen in der Größenordnung von 50,-- DM/t bei einer Großanlage mit hohem Durchsatz.

Zu B. 4) Strahlungsinduzierte Chlorierung

Die Chlorierung aromatischer Verbindungen, wie Benzol und Toluol, wird in der konventionellen Technik fotochemisch mit Hilfe von ultraviolettem Licht durchgeführt. Schwierig ist dabei das Erzielen hoher Intensitäten mit dem Quecksilberlichtbogen, das Erreichen gleichmäßiger Ausleuchtung des Reaktionsbehälters sowie das Verhindern von Ablagerungen des Reaktionsproduktes auf den Quarzfenstern. Bei Gammabestrahlung entfallen diese Schwierigkeiten, Quarzfenster werden unnötig, und außerdem lassen sich Chlorierungsreaktionen in Bereichen physikalischer Bedingungen durchführen, in denen sie bei Verwendung ultravioletten Lichtes unmöglich sind.

Zu B. 5) Strahlungsinduzierte Molekülvernetzung

Nicht nur die Polymerisation organischer Moleküle durch Bestrahlung, sondern auch die Bestrahlung von Polymeren kann technisch bedeutsame Wirkungen haben. Es kann erreicht werden, daß die langen Kettenmoleküle zu Riesenmolekülen vernetzen, so daß u.a. die Temperaturbeständigkeit besser wird. Polyäthylen beispielsweise schmilzt normal bei $120^\circ C$, während es nach einer Gammadosis von $3 \cdot 10^8$ rad entsprechend $3,1 \cdot 10^8$ Röntgen bei Temperaturen bis $150^\circ C$ verwendet werden kann. Die Kosten für eine solche Vernetzung sind noch sehr hoch (ca. 50,-- DM/kg).

Ein weiterer wichtiger Vernetzungsprozeß ist die Bestrahlungsvulkanisation von Naturkautschuk, Acrylatgummi, Buna-N sowie Fluor- und Silizium-Elastomeren. Vorteilhaft ist:

a) im Endprodukt befinden sich keine Vulkanisationsmittel
b) die Vernetzung durch C-C-Bindungen gibt größere Bindekraft als die durch S-S-Bindungen bei Schwefelvulkanisation
c) in manchen Fällen ergibt sich eine wesentlich größere Beständigkeit gegen Hitze und Ölbrüchigkeit.

Die Kosten für Bestrahlungsvulkanisation von Naturkautschuk liegen zur Zeit noch in der Größenordnung von 10,-- DM/kg.

Zu B. 6) Bestrahlungsraffination

Die Bestrahlungsraffination von Mineralölen wird zur Zeit auf Durchführbarkeit und eventuelle Vorteile untersucht. Greifbare Ergebnisse wurden bisher nicht bekannt.

Zu C. 1) Nahrungsmittelsterilisation

Nahrungsmittelsterilisation durch Bestrahlung ist technisch grundsätzlich durchführbar. Dosen von $1,5 \cdot 10^6$ bis $3 \cdot 10^6$ r bzw. rep genügen durchweg, um sporenbildende Mikroorganismen und Bakterien abzutöten. Für Schimmel und Hefe liegt die Dosis bei $5 \cdot 10^6$ rep und bei Enzymen bis $50 \cdot 10^6$ rep[72]. (Zum Vergleich: bei der Bestrahlung des ganzen Körpers ist die letale Dosis für den Menschen 800 rep und für Insekten um 25 000 rep).

Unglücklicherweise ruft eine Bestrahlung vielfach unerwünschte chemische und physikalische Änderungen des Gutes hervor. Vor allem zeigt sich in Fleisch und Milch schon bei Dosen, die eine Größenordnung unter der Sterilisationsdosis liegen, eine beträchtliche Geschmacks- und Geruchsbeeinträchtigung, bei Milch außerdem eine weitgehende Zerstörung der Vitamine. Leber, Brot, Bohnen und Apfelsaft zeigen dagegen keine Geschmacksveränderung. Induzierte Radioaktivität ist in keinem Falle beobachtet worden (mit Ausnahme natürlich bei Bestrahlung mit Neutronen). Die Kosten für Bestrahlungssterilisation dürften zur Zeit zwischen 0,20 und 1,-- DM/kg liegen, sind also um ein bis vier Größenordnungen höher als bei konventioneller Sterilisation. Immerhin besteht der Vorteil, daß (zumindest bei einigen Nahrungsmitteln) der ursprüngliche frische Zustand erhalten bleibt, da Kochen unnötig wird.

Zu C. 2) Nahrungsmittelpasteurisierung

Finanziell günstiger und hinsichtlich einer Geschmacksbeeinträchtigung harmlos ist gegenüber der Vollsterilisation die Pasteurisierung durch Bestrahlung[73]. Eine Dosis von 10^5 rep reicht beispielsweise aus, um die Anzahl der vegetativen Organismen um den Faktor 10^2 bis 10^3 zu reduzieren.

---

72. L.E. CLIFCORN: "The Food Industries Attitude toward Radiation Sterilisation", Handbook of Radioisotope Applications, S. 54 ff, Nucleonics, 1957, New York.
73. R. ROBERTS: "Die industrielle Verwendung von Spaltprodukten". Atompraxis 3, (1957), S. 213.

Die Bestrahlung von Fleisch mit 50 000 rep erhöht die mögliche Lagerungsdauer im gekühlten Zustand auf das Fünffache. Wird frischgeschnittenes und verpacktes Fleisch an seiner Oberfläche mit 20 000 rep behandelt, so soll seine Kühllagerfähigkeit auf das Fünf- bis Zwanzigfache steigen. Übrigens genügt eine Dosis von 20 000 rep bei Schweinefleisch auch, um den Trichinosekreislauf zu durchbrechen. Zwar braucht man $7,5 \cdot 10^5$ bis 10^6 rep zum Töten der Trichinen in situ, jedoch genügen 20 000 rep, um ein Entwickeln der Larven zu verhindern, und 12 000 rep zum Sterilisieren der Weibchen[74].

Zu C. 3) Reifungsverzögerung

Eine Verzögerung des Reifungsprozesses weicher Früchte ist im Interesse des Schifftransportes wichtig. Es konnte gezeigt werden, daß beispielsweise eine Dosis von 10 000 rep ausreicht, um die Reifung von harten Bananen zu verzögern[75].

Zu C. 4) Keimverhinderung von pflanzlicher Nahrung

Experimentelle Untersuchungen haben gezeigt, daß 5000 rep genügen, um das Keimen von Kartoffeln bei 5 bis 7°C Lagerungstemperatur weitgehend zu vermeiden, 10 000 rep bei Zimmertemperatur. 20 000 rep verhindern das Keimen völlig. Geschmack und Aussehen bleiben über mehr als 1 1/2 Jahre unverändert[76].

Bei Zwiebeln reichen 4 000 rep aus, um das Keimen weitgehend, und 8000 rep, um es völlig zu verhindern[77].

Die Kosten für die Keimverhinderung dürften bei Großanlagen und ohne Einrechnung des Transportes in der Größenordnung 20 Dpf/Ztr liegen.

---

74. H.I. GOMBERT et al.: "Using Co 60 and Fission Products in Pork Irradiation Experiments", Handbook of Radioisotope Appl." S. 62 - 66 New York 1957.
75. R.S. HANNAN und H.I. SHEPPARD: "Food Investigation", Special Report No. 61, page 148.
76. A.H. SPARROW und E. CHRISTIANSEN: "Improved Storage Quality of Potato Tubers after Exposure to Co 60 Gammas", Handbook of Radioisotope Appl., S. 118 - 119, Nucleonics (1957), New York.
77. S.I. DALLYN et al.: "Extending Onion Storage Life by Gamma Irradiation", Handbook of Radioisotope Applications, S. 120 - 122, Nucleonics (1957) New York.

Zu C. 5) Saatschutz

Durch Bestrahlung von Getreide können Insektenschäden während der Lagerung verhindert oder verringert werden. 20 000 bis 100 000 r sind erforderlich, um Insekten in kurzer Zeit zu töten; etwa 50 000 r genügen in jedem Falle, um die Lebenszeit auf maximal drei Wochen zu beschränken. Die während dieser Zeit gelegten Eier kommen nicht zum Ausschlüpfen. Bereits bei 8 000 r wird nur aus ganz wenigen Eiern ausgeschlüpft.

Zu C. 6) Erzielung von Nutzmutanten

Von primärer Bedeutung für die Entwicklung der Landwirtschaft ist die Möglichkeit, durch Bestrahlung neue Mutanten von Kulturpflanzen bei Getreide zu schaffen. Man hat zum Beispiel errechnet, daß die so erzeugte kurzhalmige Gerste in den USA zu einer jährlichen Ersparnis von mindestens 10 Mill. $ führen wird.

Zu C. 7) Schädlingsausrottung

Das völlige Ausrotten schädlicher Insekten ist jetzt durch die Strahlenpraxis möglich, wie bereits bewiesen wurde. Die Fleischfliege (callitroga americana) konnte in wenigen Monaten auf der westindischen Insel Curaçao völlig vernichtet werden. Dies geschah durch Bestrahlung vieler männlicher Fliegen mit nur etwa 3 000 r, wodurch Sterilisation erzeugt wurde. Diese sterilen Fliegen wurden der normalen Population zugegeben. Da die weiblichen Fliegen nur einmal begattet werden, läßt sich auf diese Weise die Fortpflanzungsrate der Population beträchtlich verringern. Wünschenswerte Voraussetzungen für den Erfolg sind:

a) der Zusatz einer möglichst großen Menge unfruchtbarer Insekten
b) die vorherige Reduktion der Hauptpopulation durch Insektengifte
c) die nur geringe Wiederbevölkerung des Gebietes von seinem Rand her (daher sind Inseln am geeignetsten).

Zu D. 1) Tiefenbestrahlung

Zur örtlichen Tiefenbestrahlung werden fast nur Radioisotopen verwendet, die vom Reaktorstandort unabhängig sind (siehe Abschnitt 3.2).

Zu D. 2) Sterilisation von medizinischen Instrumenten und Zubehör

Catgutfäden, Verbandstoffe, Bandagen, Gummihandschuhe und ähnliche medizinische, vor allem chirurgische Instrumente und Zubehör, wurden durch Bestrahlung zufriedenstellend sterilisiert. Vorteile: Anwendung bei hitzeempfindlichen Stoffen mit gleicher Sicherheit wie Hitzesterilisation; Möglichkeit der Sterilisation in der engültigen Verpackung.

Zu D. 3) Sterilisation von Transplantationsteilen

Durch Bestrahlungsdosen von 10^6 bis $2 \cdot 10^6$ r wurden Aortateile und Knochenstücke vor einer Transplantation erfolgreich sterilisiert[78].

Zu D. 4) Sterilisation von Pharmazeutika

Die Sterilisation von Antibiotica, Antitoxinen, Cortison und anderen hitzeempfindlichen Pharmazeutika mit 2 Mill. r ist absolut sicher und verringert die Wirksamkeit und Löslichkeit nur unwesentlich. Dieses Anwendungsgebiet gehört zusammen mit C. 4) und D. 3) zu den wirtschaftlich völlig unbestrittenen Bestrahlungsverfahren[79].

3.3 Indirekte Anwendung der Kernreaktoren

In diesem Abschnitt werden diejenigen Anwendungen kurz besprochen, die einerseits ohne das Vorhandensein von Kernreaktoren nicht denkbar wären, andererseits aber vom Reaktorstandort unabhängig sind. Es handelt sich um die Verwendung von reaktorproduzierten Radioisotopen und von ausgebrannten Brennstoffelementen bzw. aus ihnen abgetrennten radioaktiven Spaltprodukten.

3.31 Anwendung der durch Neutroneneinfang erzeugten Radioisotopen

Über die Herstellung von Radioisotopen siehe Abschnitt 3.243 (Zu B. 1)). Soweit es sich um starke Strahlenquellen handelt, kommen als Anwendungsgebiete alle in der Aufstellung in Abschnitt 3.243 genannten in Frage (natürlich mit Ausnahme von B. 1)). Für schwache und mittlere Präparate gibt es darüber hinaus noch folgende Möglichkeiten:

A. Wissenschaftliche Forschung

1) Medizinische Forschung
    a) Krebsforschung mittels markierter Wirkstoffe
    b) Gehirntumorforschung
    c) Blutbildungssystemforschung

---

78. University of Michigan, Progress Report 7, No. 1943 - 17 "Utilization of Fission Productions", S. 205 und 211.
79. R. ROBERTS, a.a.O., S. 213.

d) Kreislaufforschung
   e) Knochenforschung
   f) Alkaloid-, Hormon- und Vitaminforschung
   g) Ernährungsforschung.

2) Biologische und landwirtschaftliche Forschung
   a) Erforschung der Fotosynthese
   b) Mutationsforschung
   c) Erforschung der Stoffaufnahme und des Stoffwechsels von Pflanzen
   d) Erforschung der Wirkung von Schädlingsbekämpfungsmitteln.

3) Chemische und physikalische Grundlagenforschung
   a) Erforschung des Isotopenaustausches
   b) Erforschung von Oberflächenreaktionen
   c) Erforschung der Diffusion
   d) Messung von Dampfdrücken und Lösung von thermodynamischen Fragen
   e) Erforschung des Molekülaufbaus und von Synthesevorgängen der organischen Chemie.

B. Praxis

1) Medizin
   a) lokale Bestrahlung von außen
   b) lokale Bestrahlung durch das Einführen strahlender Materie in den Körper
   c) Diagnose durch Messung der Selektivaufnahme von Stoffen

2) Landwirtschaft
   a) Entwicklung von Unkrautvernichtungsmitteln
   b) Entwicklung spezifischer Dünge- und Wachstumsmittel

3) Industrie
   a) Radiografie
   b) Dickenmessung, Dichtekontrolle, Feuchtigkeitsmessung
   c) Vermeidung von elektrostatischen Aufladungen
   d) Abnutzungsstudien
   e) Überwachung von strömenden Gütern
   f) Niveauanzeige
   g) Leckverlustanzeige

h) Mischungskontrolle

i) Lumineszenzerzeugung

j) Ionisationserzeugung in Verstärker- und Leuchtröhren

k) Radioisotopen-Batterien

l) Markierungsuntersuchungen von chemischen und physikalischen Prozessen

m) Zählung bewegter diskreter Mengen (Fertigungsüberwachung)

4) Sonstige Praxis
Altersbestimmung von Tieren, Pflanzen, Mineralien und archäologischen Objekten.

Von besonderer wirtschaftlicher Bedeutung sind die Punkte:

A. 2) a) und b)

B. 2) a) und b)

B. 3) a), b), f), g), l) und m).

Ein näheres Eingehen auf die einzelnen Anwendungszweige ist im Rahmen dieser Arbeit nicht möglich. Es muß auch wegen der Vielfalt und Verschiedenheit der Gebiete darauf verzichtet werden, Literaturangaben zu machen.

3.32 Anwendung von Spaltprodukten

Es gibt zwei Stufen, in denen sich die Strahlung der Spaltprodukte nutzen läßt:

A. direkte Benutzung der ausgebrannten Brennstoffelemente als Strahler

B. Benutzung der Spaltprodukte nach ihrer Trennung von Uran und Plutonium.

Im zweiten Falle können sie

1) in unseparierter Form
2) in separierter Form verwendet werden.

Da vor der chemischen Trennung ein gewisses Abklingen unerläßlich ist und ferner die Abtrennung selbst Zeit braucht, muß man von den Brennelementen selbst Gebrauch machen, wenn ein möglichst großer Teil der Strahlungsenergie genutzt werden soll (Fall A). Praktisch hat sich in USA und Großbritannien gezeigt, daß kein Grund vorliegt, weswegen

Bestrahlungseinrichtungen, bestehend aus Brennelement-Anordnungen, nicht auch in großer Entfernung vom Reaktorstandort verfügbar sein sollen.

Im Falle B. 1) liegen die Spaltprodukte gemischt in zunächst wässeriger Lösung vor. Diese kann entweder in Hohlzylinder (meist aus Beton) gefüllt werden und so Bestrahlungsräume schaffen, oder man läßt sie an Montmorillonit oder einem ähnlichen Mineral adsorbieren und brennt dieses anschließend zu feuerfesten Körpern.

Fall B. 2) bedeutet praktisch, daß die langlebigen Spaltprodukte Sr 90 und Cs 137 von den übrigen getrennt werden, d.h. als reine Quellen vorliegen, unverdünnt durch inaktives Material.

Einige Zahlen über verfügbare Strahlungsmengen:

Einem Reaktor von 100 MW_e bzw. 400 MW_{th} entspricht eine ständige Strahlungsquelle an Spaltprodukten von $1,4 \cdot 10^{29}$ eV/d. In der praktisch für den Fall A. zur Verfügung stehenden Bestrahlungszeit (rund 60 Tage beim britischen Reaktortyp) werden zwei Drittel der Energie abgegeben. Weiterhin treten Verluste nach außen auf vor allem durch die Selbstabsorption der Elemente, so daß der Wirkungsgrad allgemein etwa nur 0,2 ist. Es stehen also von einem 100 MW_e-Reaktor rund $2,8 \cdot 10^{28}$ eV/d zur Verfügung. Das entspricht der täglichen Bestrahlung von 670 t Material mit 10^6 rep oder der Polymerisation von 4 500 t/d Kunststoff bei $G = 10^5$ (siehe Abschnitt 3.243).

Unter Zugrundelegung eines Reaktors gleicher Größe werden im Jahr je etwa 500 000 Curie an den langlebigen Spaltprodukten Sr 90 und Cs 137 produziert. Caesium erhält man mit einer spezifischen Aktivität von etwa 20 C/g. Es eignet sich gut als Strahlenquelle zur Erzeugung von Polymeren sowie zur Lebensmittel- und Arzneimittelbestrahlung. Man erwartet mit dem Anwachsen der nuklearen Industrie einen Preisrückgang für Radiocaesium von zur Zeit etwa 100,-- DM/Curie auf rund 6,-- DM/Curie.

An dieser Stelle sei erwähnt, daß eine Brennstoffelementaufbereitungsanlage von 20 t Jahreskapazität etwa 14 Millionen DM kostet, d.h. etwa 700,-- DM pro kg Jahresdurchsatz. Eine derartige Anlage würde für einen Reaktor mit 200 MW elektrischer Leistung gerade ausreichen (bei einem Ausbrandwert von 10 000 MW d/t, einem Wirkungsgrad von 0,25 und einem Ausnutzungsfaktor von 0,7). Der Aufbau eines solchen Industriezweiges zieht nun viele andere nach sich bzw. setzt sie voraus. Ferner werden riesige Betriebskosten verschlungen. Gegen die Errichtung von Aufbereitungsanlagen sprechen außer den finanziellen nach folgende Argumente, zumindest zum jetzigen Zeitpunkt[80]:

1) die Typenzahl der Brennstoffelemente ist groß, die jeweils anfallende Menge dagegen vorläufig gering;

2) das heute meist übliche Aufbereitungsverfahren kann innerhalb weniger Jahre durch neue, andersartige Prozesse überholt sein;

3) es besteht die Möglichkeit, daß in weiterer Zukunft Reaktoren mit fluidem Brennstoff und kontinuierlicher Aufbereitung vorherrschen werden;

4) die Aufbereitung ist zur Zeit nur bei hochangereichertem Brennstoff wirtschaftlich interessant. Bei natürlichem Uran lohnt sie nicht, es sei denn aus militärischen Erwägungen zur Gewinnung von Plutonium.

3.4 Friedliche Anwendung von Kernexplosionen

Zum ersten Male wurden auf der Genfer Atomkonferenz 1958 die verschiedenen Möglichkeiten der friedlichen Anwendung von Kernenergieexplosionen vor der breiten Öffentlichkeit zur Diskussion gestellt[81]. Dabei erhob sich sofort der vorauszusehende grundsätzliche Einwand, daß sich bei einem generellen Verbot von Kernwaffenversuchen auf dem Umweg über die friedliche Nutzung eine Erprobungsmöglichkeit bietet, deren Nebenabsichten praktisch nicht zu kontrollieren sind.

Ferner ist folgendes zu bedenken:

1) Kernsprengsätze sind jederzeit für militärische Zwecke zu verwenden, auch wenn sie zunächst für friedliche Zwecke gedacht sind.

2) Eine an sich wünschenswerte internationale Kontrolle von Kernexplosionen für friedliche Zwecke würde die geplante Anwendung verzögern und verteuern, ferner wirtschaftliche Großprojekte der Öffentlichkeit oder der Konkurrenz sehr frühzeitig zur Kenntnis gelangen lassen.

3) Die Gefahr einer Verseuchung besteht grundsätzlich, zumal bei unzureichender Kenntnis aller Bedingungen (geologische Formationen, meteorologischer Zustand).

---

80. HARDUNG-HARDUNG: "Chancen in der Atomwirtschaft", 1. Auflage, Düsseldorf 1958, S. 142 - 143.
81. H. BROWN und G.W. JOHNSON: "Non-Military Uses of Nuclear Explosions", 2. Internationale UN-Konferenz über die friedliche Nutzung der Atomenergie, 1958, Paper 2179.

Trotz dieser Einwände ist die Möglichkeit einer friedlichen Anwendung von Kernexplosionen für die Zukunft nicht ausgeschlossen, zumal es Ziele gibt, deren Größe und Art ein Erreichen mit konventionellen Mitteln unmöglich machen. Die technischen Probleme beziehen sich auf das Beherrschen der Verseuchung, auf die Bündelung der freiwerdenden Energie in der gewünschten Richtung, auf den physikalischen und chemischen Zustand des Umgebungsmediums nach der Explosion und auf das Verhindern bzw. Vorhersagen indirekter Fernschäden durch Druckwellen und seismische Störungen. Durch eine sorgfältige Auswahl von Art und Größe der verwendeten Ladung lassen sich die technischen Schwierigkeiten offenbar beherrschen. Erwähnt werden muß in diesem Zusammenhang, daß die Auslösung sehr kleiner Fusionsexplosionen gelungen ist, die gegenüber reinen Kernspaltungsexplosionen eine beträchtlich geringere Verseuchungsgefahr bieten. Die minimale Größe von Fusionssprengkörpern sowie genaue Angaben über Art und Menge der Verseuchung bei den verschiedenen Sprengsätzen und -anordnungen sind zur Zeit noch militärisches Geheimnis.

Die zur Zeit denkbaren Anwendungsmöglichkeiten sind nachstehend angegeben:

3.41 Ausschachtungsarbeiten

Das Ausschachten großer Räume, vor allem in felsigem Material, war bisher das Hauptanwendungsgebiet konventioneller Sprengstoffe. Die größten Einzelladungen lagen dabei in der Größenordnung von 10 t. Experimente zeigten, daß sich nukleare Sprengstoffe ähnlich verwenden lassen.

Die durch eine nukleare Detonation entfernte Materialmenge hängt dabei von der Anbringungstiefe des Sprengsatzes und der Härte des Umgebungsmaterials ab. Die Krater_form_ indessen ist außerdem noch eine Funktion des Feuchtigkeitsgehaltes im Medium: bei nassem Umgebungsgut kann der Kraterdurchmesser etwa doppelt so groß sein wie bei trockenem Gut; die Kratertiefe ist dann entsprechend kleiner.

Tabelle 10 gibt die Kraterabmessungen bei Oberflächendetonationen in Abhängigkeit von der Sprengkraft (gemessen in kt TNT) wieder.

Tabelle 11 bringt die entsprechenden Werte für Untergrunddetonationen bei den durchschnittlich günstigsten Tiefen. Dabei ist auch berücksichtigt, daß der Feuerball keine Zündgefahr für die Umgebung bedeuten soll.

Tabelle 10

Kraterabmessungen bei Oberflächendetonationen am trockenen Medium

Sprengkraft in kt TNT	1	10	100	1 000	10 000
Kraterdurchmesser in m	30	65	146	200	650
Kratertiefe in m	5	11	23	50	110

Der Durchmesserwert von 650 m bei 10 Mt erhöht sich bei gesättigt nassen Korallen auf 1 600 m, also auf mehr als das Doppelte.

Die Kraterdimensionen steigen zunächst mit der Anbringungstiefe des Sprengstoffsatzes stark an, dann merklich weniger. Ein Verdoppeln der in Tabelle 10 angegebenen Werte würde den Kraterdurchmesser noch um etwa 10 v.H. erhöhen. Außerdem gilt wieder der Einfluß der Feuchtigkeit im Umgebungsmedium.

Tabelle 11

Kraterabmessungen bei Untergrunddetonationen im trockenen Medium

Sprengkraft in kt TNT	1	10	100	1 000	10 000
Einbringungstiefe in m	5	11	23	50	110
Kraterdurchmesser in m	80	150	376	800	1 700
Kratertiefe in m	15	32	70	150	320

Der mechanische Wirkungsgrad der Explosionsausschachtung ist auch bei nuklearen Sprengsätzen gering (einige Promille), jedoch haben sie außer dem wesentlich höheren Energiebereich den Vorteil, daß nur eine geringfügige Trümmer- und Restebeseitigung nötig ist. Dafür ist natürlich die letztlich gewünschte Form der Ausschachtung mit nuklearen Sprengsätzen wesentlich roher zu erreichen als mit vielen kleinen konventionellen Explosionen. Ein Wirtschaftlichkeitsvergleich ist also nur an Hand konkreter Fälle möglich.

Soll beispielsweise in einer abgelegenen Gegend ein Hafen mit einem Bassin von 800 m Durchmesser und einem Zugangskanal von 370 x 1400 m in harten Felsen gesprengt werden, so werden sich thermonukleare Mittel um ein- bis zwei Größenordnungen billiger stellen als konventionelle Sprengstoffe. Vier 100-kt-Explosionen in 20 m Tiefe würden den Kanal mit 70 m Tiefe herstellen, eine 1-Mt-Explosion das Becken mit 150 m Tiefe und 800 m Durchmesser. Die Kosten dafür dürften rund 20 Mill. DM betragen, von denen nur ein Bruchteil auf die Sprengsätze selbst entfällt. Das ausgehobene Volumen ist rund 10^8 m^3, so daß sich ein Kubikmeterpreis von 20 Dpf ergibt. Durch konventionelles Sprengen hätte man zwar nur rund 2×10^7 m^3 ausheben müssen, da die wirklich erforderliche Tiefe nur 20 m ist; das Aufbrechen und Ausbaggern aber würde bereits in einfach zugänglichen Gebieten in der Kostengrößenordnung von 10,-- DM/m^3 liegen.

Die Spaltproduktradioaktivität bei nuklearen Sprengungen kann durch weitgehende Verwendung thermonuklearer Reaktionen niedrig gehalten werden. Unter Berücksichtigung der Selbstabschirmung des Materials ergibt sich für obiges Beispiel die angenäherte Dosisleistungsfunktion

$$\dot{D} = 60 \cdot t^{-1,2} \quad [r/sec] \tag{23}$$

Nach einem Monat herrscht nur noch der Wert 4 mr/h, wobei der Auslaugungseffekt des Wassers noch nicht einmal eingerechnet wurde. Praktisch wäre also wenige Wochen nach den Detonationen der Ort zugänglich.

Die Wirkung der Druckwellen und der seismischen Störungen sind bei Detonationsenergien bis zum Vergleichswert von 1 Mt und Entfernungen über 35 km von der Detonationsstelle gering.

Trotz dieser optimistischen amerikanischen Angaben ist natürlich noch viel Entwicklungsarbeit nötig, um thermonukleare Sprengsätze zu einem völlig beherrschten Ingenieurmittel zu machen, von den oben angedeuteten politischen und militärischen Bedenken ganz abgesehen.

3.42 Untergrundaufschließung

Bei hinreichend tiefem Detonationsort und schlingenförmig geführtem Bohrtunnel, der durch die Detonation geschlossen wird, ist ein völliges Einschließen der Spaltproduktaktivität möglich, wie der berühmte "Rainier"-Test vom 19. September 1957 gezeigt hat. Bei diesem Experiment wurde in einer 275 m tiefen Kammer von 1,8 x 1,8 x 2,1 m in Tuffstein mit 15 bis 20 Gewichtsprozent Wasser eine Nukleardetonation entsprechend 1,7 kt TNT ausgelöst. Abbildung 35 zeigt schematisch den Zustand nach der Detonation in drei Phasen:

a) unmittelbar nach der Detonation
b) nach dem Zusammenbruch der über dem Hohlraum liegenden Zone aus zerquetschter, jedoch für Bohrwasser undurchlässige, Materie
c) nach dem endgültigen Zusammenbruch, der sich auf eine 120 m hohe kegelförmige Zone oberhalb des ursprünglichen Hohlraumes bezieht. Dieser konische Raum ist mit gebrochenem, wasserdurchlässigem Material gefüllt.

Durch Verdampfung des Wassergehaltes im Gestein und eine Art Umlaufkühlung im ganzen gebrochenen Gebiet liegt die Temperatur kurze Zeit nach der Detonation bereits unter dem Siedepunkt des Wassers.

Die für völligen Einschluß einer Nukleardetonation erforderliche Anbringungstiefe wird geschätzt auf:

$$T_A = 140 \sqrt[3]{E_N} \quad [m] \tag{24}$$

Die erzeugte Radioaktivität ist (bei obigem Gestein) auf einen Radius R_A beschränkt

$$R_A = 15 \sqrt[3]{E_N} \quad [m] \tag{25}$$

In den Gleichungen (24) und (25) ist die Detonationsenergie E_N in kt TNT einzusetzen.

Eine indirekte Anwendung von Untergrunddetonationen ist z.B. das Aufbrechen dicker Erzlager für ein Auslaugen am Ort. Bei dem Rainier-Experiment wurden mindestens 200 000 t an Silikatfelsen aufgebrochen und in einen wasserdurchlässigen Zustand gebracht. Vorteilhaft ist ferner, daß sich um die Zone gebrochenen Materials ein wasserundurchlässiges Gebiet zieht. Die radioaktiven Spaltprodukte sind in glasartiges unlösliches Gestein eingeschlossen und auf ein relativ kleines Volumen beschränkt. Eine Verseuchung des Erzlagers wird also nicht verursacht.

Vergegenwärtigt man sich Abbildung 35 und Gleichung (25), so ergibt sich näherungsweise folgende Beziehung für die Menge M_N des gebrochenen Erzgesteins:

$$M_N = \text{const.} \; E_N^{2/3} H_N \tag{26}$$

Dabei ist H_N entweder die Höhe über dem Detonationsort, bis zu der der endgültige Zusammenbruch des Materials über dem primären Hohlraum erfolgt, oder die Erzschichtdicke, falls diese geringer ist. Eine besonders wirkungsvolle Sprengung ergibt sich durch die Vorbereitung waagerechter Kanäle vom vorgesehenen Detonationsort aus. Gleichzeitig wird dadurch die erforderliche Mindesttiefe geringer. Das Bohren der Kanäle würde Hauptkosten verursachen. Insgesamt kann man die Größenordnung der Kosten für das Aufbrechen von Erz am Lagerort mit nuklearen Sprengsätzen auf 10 Dpf/t schätzen, jedenfalls für Mächtigkeiten, die ein E_N der Größenordnung 100 kt erfordern.

Geeignet ist das nukleare Untergrundaufschließen vor allem für arme Erze (z.B. Kupfererz) mit so ausgedehnten Deckschichten, daß sich ein Abtragen nicht lohnt.

3.43 Wärmeanwendungen

Das Schmelzen von Umgebungsmaterie bei einer nuklearen Untergrunddetonation tritt in einem Radius R_S vom Detonationsort ein.

$$R_S \approx 4\sqrt[3]{E_N} \quad [m] \tag{27}$$

E_N ist dabei wieder in kt TNT einzusetzen.

Aber auch außerhalb dieser Zone sind die Temperaturen zunächst hoch, so daß grundsätzlich eine indirekte Wärmenutzung möglich erscheint. Voraussetzung ist meist, daß nicht zuviel Feuchtigkeit im Gestein anwesend ist, bzw., daß erzeugter Dampf nicht nach allen Seiten entweichen kann. Die reine Wärmeleitung ist bei großen Detonationen (100 ÷ 1000 kt) wegen des relativ günstigen Verhältnisses von Inhalt zu Oberfläche von untergeordneter Bedeutung.

1 Mt TNT-Explosiv-Äquivalent entspricht 10^{12} kcal, deren konventionelle Erzeugung allein an Brennstoff etwa 4 bis 40 Mill. DM kosten würde. Die Brennstoffkosten thermonuklearer Mittel liegen dagegen erheblich darunter.

Grundsätzlich bieten sich folgende Anwendungen nuklearer Explosionswärme:

1) Abtrennung schwerflüssiger oder gebundener Erdöle von den sie enthaltenden Mineralien

2) Durchführung endothermer chemischer Großprozesse, vor allem mit Ausgangsstoffen aus unterirdischen Lagerstätten
3) Industriedampf- und Elektrizitätserzeugung.

Zu 1)

Durch das Erhitzen des (z.B. in Kanada in großen Lagern vorhandenen) Teersandes (tar sand) auf etwa 100° verringert sich die Viskosität des enthaltenen Öles derart, daß es sich auf einer undurchlässigen Unterschicht sammeln und von dort abgepumpt werden kann. Das Erhitzen einer so ausgedehnten Masse ist praktisch nur mit einer so billigen Großwärmequelle, wie ein Thermonuklearsatz sie darstellt, wirtschaftlich. Die Wärmeübertragung besorgt (bis auf die nächste Umgebung der Detonationsstelle) der in der heißen Zone gebildete Dampf des Öles und der Sandfeuchtigkeit; beide Dämpfe kondensieren in den kälteren Gebieten unter Abgabe der Kondensationswärme. Gleichzeitig wird damit eine hohe Gleichmäßigkeit der Temperaturverteilung gewährleistet, die durch reine Wärmeleitung nicht möglich wäre. Voraussetzung für die Ölgewinnung mit Nukleardetonationen ist, daß dabei der undurchlässige Untergrund nicht rissig wird. Für die Anwendung bei kanadischem tar sand kann man einen Kostenaufwand von etwa 30,-- DM je Tonne Öl schätzen.

Eine ähnliche Anwendung ist das Austreiben von Öl aus Ölschiefer bei 400°C, jedoch ist dies wegen der höheren Temperatur schwieriger als das vorige Beispiel.

Zu 2)

Der naheliegendste chemische Großprozeß in unterirdischen Lagerstätten ist die Untertagevergasung von kohlehaltigen Schichten, deren konventioneller Abbau nicht lohnt. Bei einer Wärmequelle, wie sie thermonukleare Reaktionen darstellen, erscheint die Durchführung der Wassergasreaktion im großen Maßstab als durchaus möglich. Die dabei entstehende Mischung von CO und H_2 ist bekanntlich vor allem für die Fischer-Tropsch-Synthese flüssiger Brennstoffe wichtig. Durch die Anwesenheit von Mineralien würden ferner Reaktionsprodukte von SiO_2 wie SiO, Si und SiC entstehen.

Zu 3)

Es gibt grundsätzlich zwei Möglichkeiten der Erhitzung eines Arbeitsmittels durch nukleare Explosionen:

a) die direkte Dampferzeugung in einem Hohlraum, in dem die Explosionen ausgelöst werden
b) die indirekte Wärmeabfuhr aus dem direkt erhitzten Mittel durch Rohrsysteme.

Möglichkeit a) setzt hinreichend beständige Hohlräume voraus, die praktisch unterirdisch sein müssen. Sie können durch thermonukleare Detonationen, durch Auslaugen von Salzlagen oder durch thermonukleares Brennen von Kalkstein und anschließendes Ausschlämmen erzeugt werden.

Die Beständigkeit von Gestein gegenüber einer dauernden extremen Druck- und Temperatur-Schockbeanspruchung ist jedoch zweifelhaft. Für 500 kt und 600 m Hohlraumdurchmesser gilt angenähert:

> statischer Druck 210 atü
> primär einfallende Überdruckwelle 210 atü oder mehr
> (Reflexionserhöhung des Druckes auf mehr
> als das Doppelte dieses Wertes)
> Mindesttiefe des Hohlraumes 900 m.

Salz als Umgebungsmaterial hätte den Vorteil plastischen Fließens und der Löslichkeit in Wasser. Beides würde dahin wirken, daß entstehende Risse sich selbsttätig schließen.

Etwas weniger problematisch, dafür aber umständlicher ist die Möglichkeit b). Hier ist es beispielsweise denkbar, daß die durch eine Untergrunddetonation entstandene Wärme zunächst an ein schmelzendes Salz, an CO_2 abgebenden Kalk oder einfach an zerbrochene Gesteinsschichten übertragen wird, die ihrerseits wieder Rohrleitungen mit dem gewünschten Arbeitsmittel beheizen. Als Kühl- bzw. Arbeitsmittel kommen vor allem Dampf und Gas bzw. Luft in Frage, womit entweder Turbogeneratoren angetrieben oder industrielle Wärmebedarfsträger beliefert werden können.

Die Errichtung einer industriellen Anlage direkt über der Detonationsstelle erscheint grundsätzlich denkbar, wenn beim Bau auf die zu erwartenden Erschütterungen Rücksicht genommen wird (Erdbebensicherheit). Für die Umgebung außerhalb eines Radius von etwa 30 km ist bei Detonationen bis 1 Mt keine Erschütterung zu spüren.

4. Die Anwendungsmöglichkeiten der beschriebenen Kernenergienutzungsarten für Entwicklungsländer

Die Anwendbarkeit einer jeden der beschriebenen Kernenergienutzungsarten hängt von dem "Beurteilungsvektor" des betreffenden Landes ab (siehe Abschnitt 2). In den meisten Fällen gilt für die Kerntechnik das gleiche hinsichtlich der volkswirtschaftlichen Zumutbarkeit und Auswirkung wie für die allgemeine Mechanisierung und Industrialisierung, d.h.:

a) Die Industrieplanung muß im Einklang mit dem volkswirtschaftlich möglichen Kapitaleinsatz stehen;

b) sie muß zur Schaffung neuer Arbeitsplätze, insbesondere in dicht bevölkerten Ländern, dienen;

c) durch die Veredelung von Rohprodukten des Landes muß ein größerer volkswirtschaftlicher Nutzen erreicht werden.

Es zeigt sich, daß die Wärme- und Elektrizitätserzeugung mittels Kernenergie, die gemeinhin als weitaus wichtigstes Anwendungsgebiet angesehen wird, in den industriell unterentwickelten Ländern durchweg ungünstigere Verhältnisse vorfindet (siehe Abschnitt 4.23), also nicht von entscheidender Bedeutung für den Aufbau in solchen Zonen ist. Etwas anders liegt der Fall bei einigen der Entwicklungsländer mit großen unerschlossenen Gebieten. Hier kann sich eventuell das einfache, schnelle und billige Transportieren großer Energiemengen bei dem Einsatz von Kernkraftanlagen auswirken. Das setzt allerdings voraus, daß die Produkte der energieverbrauchenden Wirtschaftszweige ähnlich rationell transportierbar sind oder in der Nähe der Erzeugungsorte verbraucht werden. Die Einführung der Kernenergie kann also zu einer Vergleichmäßigung der Energiekosten, zu einer Dezentralisierung der Industrie und zur Bildung neuer Industriezentren führen, wobei aber Faktoren wie Verfügbarkeit von Arbeitskraft, Rohmaterial und Wasser, Transportmöglichkeiten und -kosten sowie Zugänglichkeit von Absatzgebieten meist eine größere Rolle spielen. Eine allgemeine Dezentralisierung der Industrie hat in vielen Entwicklungsländern den Vorteil, daß landwirtschaftliche Arbeitskräfte außerhalb der Saison in der Industrie beschäftigt werden können, ohne daß große Bevölkerungsteile transportiert werden müssen.

Im übrigen ist es verfehlt, unter Kernenergie ausschließlich Wärme- und Elektrizitätserzeugung mittels Reaktoren oder gar nur letzteres zu verstehen, wie es oft genug geschieht. Die übrigen Sparten der Nuklear-Technik (z.B. Strahlenanwendungen, Isotopen-Technik usw.) sind technisch und wirtschaftlich gleichrangig und für Entwicklungsländer fast immer unmittelbar anwendbar.

Allgemein läßt sich sagen, daß die überbevölkerten Entwicklungsländer China, Indien und Pakistan sowohl allgemeinwirtschaftlich als auch speziell nuklearwirtschaftlich zu einem breiten Aufbau neigen (Vorbild: Japan), während die schwach bevölkerten Entwicklungsländer wie die lateinamerikanischen mehr spezielle Richtungen einschlagen werden (Vorbild: Südafrikanische Union).

In jedem Falle ist es so, daß die Atomenergie kein Allheilmittel und keine Wundermedizin für die Entwicklungsländer ist. Man darf auch nicht vergessen, daß die Wirkung der Kerntechnik vielfach mehr psychologisch sein wird als faktisch. Aber auch das ist von wesentlicher Bedeutung, da die technische Rückständigkeit in den meisten Fällen weniger in der Armut des jeweiligen Landes an Bodenschätzen, Energiequellen und dergleichen, als vielmehr in der Struktur der traditionellen Kultur und der jahrhundertealten Lebensart und Weltanschauung gesucht werden muß.

Die objektiven industriellen Wirkungen der Kernkraft (Elektrizität und Wärme) werden sich am ehesten in solchen Ländern zeigen, die bereits eine mittlere Stufe der ökonomischen Entwicklung erreicht haben.

4.1 Der Gesamtaspekt der Nuklearindustrie

Eine Allround-Nuklearindustrie, wie sie in Abbildung 4 dargestellt ist, wird in keinem der Entwicklungsländer aufgebaut werden können. Dagegen ist durchaus erreichbar, daß Länder wie China und Indien einen spezialisierten Weg einschlagen, der ebenfalls zu einer in sich geschlossenen Nuklearindustrie mit praktisch den gleichen Möglichkeiten führt (siehe Abschnitt 3.1).

In Indien ist eine solche Planung mit dem Schwergewicht auf der Elektrizitätserzeugung bereits weit fortgeschritten. Eine ausführliche Darstellung darüber findet sich in Abschnitt 5.

Industrielle Anlagen zur Isotopen-Anreicherung und zur chemischen Verarbeitung von angereicherten und verarmten Uran-Verbindungen bestehen nur in USA, Rußland und Großbritannien. Die hohen Investitionskosten und die Voraussetzung eines hinreichend großen und gesicherten Absatzes verbieten praktisch den Bau solcher Einrichtungen in Entwicklungsländern. Alle übrigen Anlagen sind billiger, verbrauchen weniger Energie und sind einzeln in das industrielle Gesamtschema einzubauen, ohne daß unbedingt andere Industriezweige gleichzeitig errichtet werden müßten, vorausgesetzt, daß gute Beziehungen zu hochindustrialisierten Ländern vorliegen. Lediglich bei der Herstellung von Brenn- und Brutelementen ist es wünschenswert, daß auch die chemischen Wiedergewinnungsanlagen von Anfang an mit vorhanden sind. Der finanzielle Aufwand hierfür ist aber nicht so groß, wie es nach der Anzahl der Anlagen im Schema von Abbildung 4 erscheint.

Bei der Planung für ein Entwicklungsland ist außer der Prüfung der Markt- und Verbrauchssituation und der Höhe der erforderlichen Investition wichtig, welcher Anteil der zu investierenden Gelder im Lande bleibt. Entwicklungsländer sind zumeist devisenarm. Der ins Ausland gehende Kapitalanteil hängt aber wieder vom Können und von der Kapazität der vorhandenen Industrie ab, so daß hier wie beim Ausnutzungsgrad der Elektrizitätserzeuger diejenigen am meisten benachteiligt sind, die auch den längsten Entwicklungsweg noch vor sich haben. Am wenigsten würde sich dies bei dem bergbaulichen Zweig auswirken, jedoch ist bereits jetzt das Uranerz-Angebot auf dem Weltmarkt oder zumindest sein Potential so groß, daß sich nur bei sehr günstigen Uranvorkommen ein Abbau lohnt, wenn man von Autarkiebestrebungen absieht.

Die Kapitalerfordernisse für den Bergbau hängen sehr von den örtlichen Gegebenheiten und von der Urankonzentration ab. Über die chemische und metallurgische Seite der Nuklearindustrie sind bisher kaum Zahlen genannt worden. Für eine Erzkonzentratanlage rechnet man in den USA mit rund 30 000 DM Investition je Tagestonne an Kapazität bei einem mittleren Gehalt an UO_2 von 0,27 v.H.[82].

Bei Reaktoranlagen kommt zu dem Gesichtspunkt, daß bei etwa gleichwertiger Wirtschaftlichkeit der Typ mit dem höchsten Anteil der Fertigung im eigenen Land bevorzugt wird, die Frage hinzu, welcher Typ den niedrigsten oder eventuell gar keinen Brennstoff-Import benötigt. Bis zum Beherrschen der Plutonium- und Thorium-Technologie werden daher in

---

82. The Atomic Industry 1957. Edited by "Atomic Industrial Forum", New York, USA, Seite 142.

Ländern mit Uran-Vorkommen auf eigenem Gebiet Natururan-Reaktoren bevorzugt werden, also graphit- oder schwerwassermoderierte Reaktoren, zumindest bei großen Einheiten. Der graphitmoderierte Reaktor in seiner Ausführungsform des verbesserten Calder Hall-Typs ist unter diesen wiederum derjenige, der den höheren Anteil an konventioneller Technik besitzt und somit der landeseigenen Bau- und Maschinenindustrie größere Chancen gibt (siehe Abschnitt 4.23 sowie Tabelle 13).

4.2 Kernreaktornutzung am Reaktorstandort

4.21 Anwendung der Wärme

Von den im Abschnitt 3.21 genannten Wärmeanwendungsmöglichkeiten sind in der nächsten Zukunft in technischem Maßstab zu verwirklichen:

a) Raum- bzw. Fernheizung (meist mit Warmwasser)

b) Beheizung von Fabrikationsvorgängen (meist mit Sattdampf).

Fall a) entspricht Pos. 1) in Tabelle 5. Er ist außer für abgelegene Militärstationen für Gebiete mit kaltem Klima und relativ großen Gemeinwesen von Bedeutung. Da in den entwicklungsfähigen Ländern diese Gegebenheiten praktisch nicht zusammen vorkommen, hat die Raum- und Fernheizung durch Reaktoranlagen hier zur Zeit keine Bedeutung. Es ist allerdings nicht ausgeschlossen, daß der eventuelle Fund wertvoller Bodenschätze beispielsweise in Tibet oder im südlichen Gebirgsteil Südamerikas den schnellen Aufbau einer großen, verkehrstechnisch schwierig zugänglichen Industriesiedlung erfordert. In diesem Falle mag es das günstigste sein, eine in wenigen fertigen Teilen transportierbare Reaktor-Anlage zu installieren, die die Wärme für die Wohnungen und Einrichtungen liefert sowie gleichzeitig Elektrizität. Voraussetzung ist natürlich, daß der übrige Bedarf der Siedlung entweder aus der unmittelbaren Nähe oder über den gleichen Transportweg erfolgen kann, über den die Nuklear-Anlage befördert wurde, z.B. auf dem Luftweg. Vor allem muß der Abtransport des industriellen Produktes auf relativ einfache Weise möglich sein. Beispiele: Diamantengewinnung, Edelmetallerzeugung, Uran- und Thorium-Produktion.

In den USA ist bereits ein in wenigen Teilen auf dem Luftweg transportierbarer Reaktortyp unter der Bezeichnung APPR für militärische Stationen entwickelt worden. Die zweite verbesserte Ausführung ist für eine Wetterstation in Alaska gedacht. Sie soll fast 20 MW an Wärme und 1,7 MW an Elektrizität liefern können. Vier weitere ähnliche Werke wollen die USA bis 1962 in vier Antarktisstationen installieren. Man rechnet mit etwa zweieinhalbfachen Energiekosten, verglichen mit einer Dieselanlage, wobei allerdings eine einfache Transport-Situation zugrunde gelegt wurde, die gerade nach unseren Voraussetzungen nicht existiert.

Für den Fall b), also die Erzeugung von Prozeßwärme bzw. Fabrikationsdampf, ist der potentielle Markt größer.

Tabelle 12 zeigt die Verteilung der im Jahre 1952 je Kontinent verbrauchten Gesamtenergie und Prozeßwärme[83], ferner das Verhältnis von Prozeßwärme zur Gesamtenergie.

T a b e l l e 12

Gesamtenergie- und Prozeßwärmeverbrauch je Kontinent (1952)

Kontinent	Gesamter Energieverbrauch (in 10^6 MWh Elektrizitäts-Äquivalent)	Prozeßwärmeverbrauch	Prozentuale Verteilung	Verhältnis Prozeßwärme zu Gesamtenergie
Nordamerika	10 613,1	2 465,4	37,6	0,232
Mittelamerika Südamerika Westindien	897,4	138,4	2,1	0,154
Europa	10 453,2	3 287,5	50,3	0,315
Afrika	749,9	105,5	1,6	0,140
Asien	3 640,2	497,1	7,6	0,137
Ozeanien	599,8	54,6	0,8	0,091
	26 953,6	6 548,5	100	

Man erkennt, daß allein Nordamerika und Europa 88 v.H. der Industriewärme der Welt verbrauchen, so daß auf die Entwicklungsländer knapp 10 v.H. entfallen. Weiter sieht man, daß der Anteil der Industriewärme am gesamten Energieverbrauch in den entwicklungsfähigen Gebieten zwischen 9 und 15 v.H. liegt, während er in den Industriestaaten durchschnittlich über 25 v.H. ausmacht. Karl M. MAYER rechnet mit einem Weltbedarf an Industriewärmeanlagen mit einem Erzeugungspreis von 11,70 DM/10^6 kcal oder mehr in den nächsten zehn Jahren von jährlich über 3 Mio kW Elektrizitäts-Äquivalent. 11,70 DM/10^6 kcal sind aber bei nicht zu kleinen Anlagen und günstigen Kapitaldienstbedingungen mit Nuklearanlagen durch-

---

83. Karl M. MAYER, USA: "The Economic Setting for Nuclear Power and Heat Development", Genfer Berichte, 1958, Nr. 2163, S. 47.

aus erzielbar (siehe Abschnitt 3.21). Von der für die Welt geschätzten jährlichen Kapazitätszunahme wird allerdings höchstens 20 v.H. auf die Entwicklungsländer entfallen, also Anlagen mit insgesamt etwa 600 000 kW Elektrizitäts-Äquivalent entsprechend etwa $2 \cdot 10^9$ kcal/h oder etwa 3 200 t/h Dampf.

Um einen Anhalt zu vermitteln, welchen Wärme- bzw. Dampfverbrauch je t Produkt-Gewicht einzelne Industriezweige aufweisen, seien einige Zahlen genannt[84]:

Industriezweig:	Spezifischer Dampfverbrauch:
Papier-Fabrikation	5 t Dampf/t Produkt
Zellstoff-Fabrikation	2,8 bis 7 t Dampf/t Produkt
Rohzucker-Fabrikation	etwa 0,6 t Dampf/t Produkt
Kautschuk-Fabrikation	etwa 27 t Dampf/t Produkt

Für die Wärmepreise sind außer den Anlage- und Brennstoffkosten, der Annuität sowie den Betriebs- und Unterhaltskosten die mittleren Ausnutzungsfaktoren entscheidend. Für nukleare Wärmespender sind wegen der hohen Anlagekosten hohe Ausnutzungsfaktoren nötig. Aus der konventionell belieferten Industrie kennt man u.a. folgende Richtwerte[84]:

Industriezweig:	Mittlerer Ausnutzungsgrad:
Papier-Fabrikation	0,49
Zellstoff-Fabrikation	0,3
Rohzucker-Fabrikation	0,15
Färbereien	0,36

Als Reaktortypen kommen, wie in Abschnitt 3.21 gesagt, wegen der erforderlichen, relativ kleinen Leistungen vor allem wasser-moderierte Reaktoren in Frage, allenfalls noch organisch moderierte.

4.22 Anwendung zum Erzeugen mechanischer Energie

4.221 Fahrzeugantrieb

Nuklearer Fahrzeugantrieb kommt für Entwicklungsländer zur Zeit nicht in Frage. In ferner Zukunft mögen Tanker und Erzfrachter sowie Langstreckenschlepper für Fahrzeugkolonnen durch Wüsten- und Tundragebiete Bedeutung gewinnen.

---

84. SCHOLL: "Anhaltszahlen über den elektrischen Kraft- und Wärmebedarf der Industrie", VDEW Frankfurt, 1951.

4.222 Pumpstationen

Nukleare Pumpstationen haben dort Möglichkeiten, wo die mechanische bzw. elektrische Energie nicht aus dem Wasser selbst gewonnen werden kann. (In Indien und Pakistan werden bekanntlich fast alle neuen Wasserkraftanlagen mit Bewässerungsprojekten gekoppelt; in den bewässerten Gebieten macht der Stromverbrauch für die Pumpen zur Zeit noch rund 50 v.H. des Gesamtverbrauchs aus.) Beispielsweise ist ein solcher Fall beim Vorhandensein unterirdischer Seen unter potentiell fruchtbaren Wüsten gegeben. Ein Teil der Sahara gehört u.a. dazu, jedoch dürfte dort der Reichtum an fossilen Brennstoffen die Notwendigkeit des Kernenergieeinsatzes in Frage stellen.

In Verbindung mit der Süßwassergewinnung aus Meerwasser könnten nukleare Pumpstationen küstennahe Wüstengebiete kultivieren (z.B. in Israel). Vorteilhaft ist hier die Möglichkeit, die Abwärme des Antriebsdampfes der Pumpe als billige Wärmequelle für die Entsalzung etwa mittels einer Thermokompressionsanlage nach HICKMANN nehmen zu können. Trotzdem dürften nur außergewöhnliche Umstände die Aufstellung einer solchen Einrichtung rechtfertigen, da bereits bei günstigsten Zins- und Amortisationssätzen ein Preis von größenordnungsmäßig 1 DM/m^3 Süßwasser angenommen werden muß. Zur Zeit sind die Süßwasserkosten zur Bewässerung des Negev in Israel etwa $0,20 \text{ DM/m}^3$ [85].

4.23 Anwendung zum Erzeugen elektrischer Energie

Für die Beurteilung der Aussichten von Kernkraftwerken in einem Entwicklungsland sind, von den Kapital-, Devisen- und Zinsverhältnissen abgesehen, entscheidend:

a) die absolute Größe des Strombedarfs

b) der zu erwartende Ausnutzungsgrad.

Beide Dinge sind nun, zumindest im statistischen Mittel, derart miteinander verknüpft, daß eine geringe Verbrauchernetz-Gesamtleistung durchweg auch einen geringen mittleren Ausnutzungsgrad bedeutet. Einen Anhalt dafür bietet Abbildung 36, welche den mittleren Ausnutzungsgrad einer Anzahl von Ländern in Abhängigkeit von der jeweiligen gesamten Elektrizitätserzeugung wiedergibt. Man erkennt die Tendenz wachsender

---

85. "Productive Uses of Nuclear Energy", herausgegeben von der National Planning Association, Washington, USA, 1957, S. 39.

Werte für α bzw. T bei steigender Industrialisierung. Die Breite des
Bereichs erklärt sich vor allem durch zwei Einflußgrößen: den Prozentsatz,
den die Wasserkraft ausmacht, und den Anteil der Industriekraftwerke
an der Gesamterzeugung. Länder mit viel Wasserkraft (z.B. Kanada)
und wenig Eigenerzeugung der Industrie (z.B. Indien) liegen relativ
hoch in der Ausnutzung, verglichen mit Ländern gegenteiliger Struktur
(z.B. Bundesrepublik Deutschland).

Trotz dieser Abweichungen vom Mittelverlauf zeigt Abbildung 36 doch
deutlich die schwierige Ausgangsposition für Kernkraftwerke in den
Entwicklungsländern. Man vergegenwärtige sich dazu die Tatsache, daß die
Absolutwerte der Elektrizitätserzeugungskapazität der meisten Entwicklungsländer
in der Größenordnung eines einzigen Kraftwerkes eines
Industriestaates liegen: Afghanistan hat 14 MW, Burma 47,5 MW, Ceylon
61 MW, Thailand 107 MW und selbst Pakistan nur 200 MW; Südasien und
der Ferne Osten hatten 1956 zusammen (ohne Japan und Indien) ganze
2 300 MW, also weniger als ein Fünftel des westdeutschen öffentlichen
Verbundnetzes.

Diese Tatsachen muß man sich vor Augen halten, wenn man, wie anschließend
geschieht, die Untersuchung des Amerikaners Karl M. MAYER über
das Marktpotential der Kontinente benutzt[86]. Die Abbildungen 37 und 38
lassen erkennen, daß der Schwerpunkt für die kWh-Kosten-Kurve des bis
1970 zu erwartenden Marktes an neuen Kraftwerken für Asien am höchsten
liegt: um 5,2 Dpf/kWh an der Klemme. Der gesamte jährliche Erzeugungszuwachs
ist für Asien etwa 150 Mrd. kWh. Die Schwerpunkte der Kurven
für alle übrigen Erdteile liegen bei 4,2 Dpf/kWh (Europa) oder darunter
(Afrika, Amerika und Ozeanien mit etwa 3,1 Dpf/kWh). Bei dieser amerikanischen
Untersuchung sind offenbar freiwirtschaftliche Finanzierungsverhältnisse
angenommen, um überhaupt einen gemeinsamen Maßstab zu haben.

In den Entwicklungsländern gelten jedoch meist Zins- und Abschreibungsquoten,
die unter dem Einfluß staatlicher Planung zustande gekommen
und für Anlagen hoher spezifischer Installierungskosten günstiger sind.

Zur realistischen Beurteilung energiewirtschaftlicher Vorhaben entwicklungsfähiger
Gebiete darf die rechnerische Zahl der kWh-Kosten nicht
als alleiniges Kriterium gelten; vielmehr muß stets der Zusammenhang
mit der Gesamtwirtschaft gesehen werden. So ist die Transportfrage von

---

86. Karl M. MAYER, USA: "The Economic Setting for Nuclear Power and
    Heat Development", Genfer Berichte, 1958, Nr. 2163, S. 27.

großer Bedeutung. Im Falle Indiens beispielsweise zeigt sich, daß allein schon die Belastung des Eisenbahnnetzes durch Kohletransporte den Aufbau eines nuklearen Kraftwerksystems in manchen Landesteilen geraten erscheinen läßt (siehe Abschnitt 5).

Für die Aufstellung von Kernkraftwerken und die Wahl des Reaktortyps sind außer Marktpotential, zu erwartendem Ausnutzungsgrad und Transportsituation folgende Gesichtspunkte in Entwicklungsländern wichtig:

1) Devisenanteil der Stromkosten
2) Verfügbarkeit von eigenen Kernbrennstoffen im Land (wichtig für die Wahl des Brennstoffkreislaufes
3) Erforderliche Reservehaltung von Anlagen
4) Mittlere effektive Verfügbarkeit des Kernkraftwerkes
5) Absolut erforderliche Zeit für Überholungsarbeiten am Kernkraftwerk
6) Zugänglichkeit des Kernkraftwerks für Reparaturen
7) Ausbildungserfordernisse für das Bedienungspersonal
8) Sicherheitseigenschaften des Reaktortyps.

Zu 1) Devisenanteil der Stromkosten

Eine Beurteilung des verbesserten Calder Hall-Reaktors und der amerikanischen leichtwassergekühlten Reaktoren ergibt, daß von einer großen Anlage (etwa 150 MWe) ohne Einbeziehung der Uran-Erstladung, je nach dem Stand der Maschinenbauindustrie des betreffenden Landes, 50 bis 70 v.H. beim britischen Typ und 25 bis 50 v.H. bei den amerikanischen Typen im eigenen Land hergestellt werden kann. Dabei ist angenommen, daß alle Bauarbeiten und ein großer Teil der Montage von Einheimischen vorgenommen werden, während der meßtechnische und nukleare Anlagenteil sowie die Turbogeneratoren vom Ausland kommen. Ferner ist vorausgesetzt, daß sich die Überwachung der einheimischen Fertigung und Montage durch ausländische Inspektoren weder in einer Verteuerung gegenüber den entsprechenden europäischen Fertigungs- und Montagepreisen auswirkt noch als Devisenanteil gegenüber den zugehörigen Objektwerten nennenswert ist. Bei langfristigen Überwachungsaufgaben für Arbeiten großen Umfanges trifft dies im allgemeinen zu.

Tabelle 13 zeigt die geschätzte Aufteilung der kWh-Kosten nach Devisenanteilen für Grundlastkernkraftwerke vom britischen Calder Hall-Typ und vom amerikanischen leichtwassergekühlten Typ einerseits, sowie für konventionelle Wärmekraftwerke andererseits. Der Fixkostenanteil, der ja vor allem den Kapitaldienst für die Anlage widerspiegelt, ist bei den nuklearen Stationen besonders hoch. Wie oben angedeutet, erklärt sich die Differenz zwischen dem höchsten und dem niedrigsten in der Tabelle angegebenen Wert des landeseigenen Lieferungsprozentsatzes aus dem Anteil des Maschinenbaus an der Gesamtanlage (Druckbehälter, Wärmeaustauscher, Gebläse etc.), da die Fertigungsvoraussetzungen in den einzelnen Entwicklungsländern sehr unterschiedlich sein können. Im allgemeinen wird die Verarbeitung sehr schwerer Werkstücke aus unkonventionellen Werkstoffen in einem industriell hochentwickelten Land erfolgen müssen. Der niedrigere Bearbeitungsanteil landeseigener Fertigung beim amerikanischen Typ hat vor allem diesen Grund. Im übrigen erklärt er sich aus den relativ wenigen Bauarbeiten, verglichen mit dem britischen Typ.

Tabelle 13

Aufteilung der KWh-Kosten nach Devisenanteilen (Schätzwerte)

Kostenanteil	verbesserter Calder Hall-Typ	Leichtwassergek. Reaktoren	konvention. Wärmekraftw.
Fixe Kosten	62 %	42 %	20 %
Devisenanteil	19 - 31 %	20 - 32 %	8 - 16 %
Betriebs- und Unterhaltskosten	5 %	5 %	5 %
Devisenanteil	1 %	1 %	-
Brennstoffverzinsung	8 %	8 %	-
Devisenanteil	4 - 8 %	4 - 8 %	-
Brennstoffverbrauch	25 %	45 %	75 %
Devisenanteil	12 - 25 %	23 - 45 %	0 - 75 %
Summe der kWh-Kosten	100 %	100 %	100 %
Summe der Devisenanteile	36 - 65 %	48 - 86 %	8 - 91 %

Bei den Betriebs- und Unterhaltungskosten ist angenommen, daß ein Devisenanteil von einem Fünftel dadurch entsteht, daß zu jeder Schicht der Bedienungsmannschaft mindestens ein Fachmann aus dem Herstellerland gehört und daß von Zeit zu Zeit Ersatzteile von Spezial-Einrichtungs- und Meßgeräten aus dem Ausland bezogen werden müssen.

Der Kernbrennstoff schließlich kann als Rohstoff aus dem jeweiligen Land selbst stammen oder ganz importiert werden. In praktisch allen Fällen wird jedoch vorläufig die Herstellung von reaktorreinem Material und die Fertigung der eigentlichen Brennelemente im Ausland erfolgen müssen. Der Wertanteil des Ausgangsmaterials (Erzkonzentrat, verbrauchte Brennelemente, bestrahlte Brutelemente oder dergl.) ist für die Zwecke der Tabelle 13 mit rund 50 v.H. vom Wert der frischen Brenn- und Brutelemente angenommen worden. Für die leichtwassergekühlten Reaktoren ist das allerdings nur dann annähernd richtig, wenn billiges Canning-Material verwendet wird (Al-Legierung) und durch einen guten Konvertierungsfaktor nennenswerte Mengen an Plutonium oder U 233 erzeugt werden. Das Ergebnis der (sehr überschlägigen) Betrachtung der Devisenanteile entsprechend Tabelle 13 zeigt:

a) In bezug auf ein weitgehendes Vermeiden der Ausgabe von ausländischen Zahlungsmitteln ist ein konventionelles Wärmekraftwerk mit heimischen Brennstoffen in allen Fällen günstiger.

b) Kostet der konventionelle Brennstoff Devisen, so sind Kernkraftwerke vorteilhafter.

c) Natururan-Reaktoren vom britischen Calder Hall-Typ ergeben durchweg geringere Devisenanteile an der Kilowattstunde als amerikanische leichtwassergekühlte Reaktoren.

Es sei betont, daß die vorstehenden Erörterungen sich nicht auf die <u>Wirtschaftlichkeit</u>, sondern ausschließlich auf die <u>Art der erforderlichen Zahlungsmittel</u> beziehen.

<u>Zu 2) Verfügbarkeit von eigenen Kernbrennstoffen im Land</u>

Ein gutes Beispiel für diesen Punkt ist in der Besprechung des indischen Kernkraftwerkprogrammes in Abschnitt 5 gegeben.

<u>Zu 3) Erforderliche Reservehaltung von Anlagen</u>

Bei der isolierten Aufstellung einzelner Kraftwerke ist die theoretisch erforderliche Reserveleistung 100 v.H. Bei einem Verbundnetz dagegen ist sie gleich der Kapazität der größten Einheit im Netz, d.h., bezogen auf die Gesamtleistung des Netzes, selten viel größer als 10 v.H.

Die hohen spezifischen Anlagekosten schließen aus, daß man als Reserve, die fast das ganze Jahr steht, Kernkraftwerke vorsieht. Statt dessen ist es naheliegend, Einheiten mit den niedrigsten fixen Anlagekosten zu nehmen, d.h. bei Wärmekraftwerken solche mit ölbefeuerten Kesseln oder besser noch alte abgeschriebene Anlagen. Der Brennstofftransport darf in diesem Fall teuer sein, da er selten erforderlich ist.

Die Reservehaltung (Dampferzeuger, Turbine, Brennstofftransport und -lagerung) ist in jedem Falle in die Wirtschaftlichkeitsrechnung des Gesamtnetzes aufzunehmen, wo sie die Stromkosten bis zu 20 v.H. verteuern kann.

Zu 4) Mittlere effektive Verfügbarkeit des Kernkraftwerkes

Die Verfügbarkeit eines Kernkraftwerkes während eines Betriebsjahres ist letzten Endes ein anderer Ausdruck für die Störanfälligkeit der Anlage. Sie ist abhängig vom Reaktorprinzip, von der technischen Reife des Typs, der Betriebsweise und der Vorbildung des Personals. In Entwicklungsländern wird es sich nicht auszahlen, komplizierte und empfindliche Kernkraftwerke mit hohem Wirkungsgrad zu bauen, die mit großer Wahrscheinlichkeit lange Stillstände und kostspielige Reparaturen bringen. Natriumgekühlte Reaktoren und solche mit umlaufendem Spaltstoff bzw. aktivem Primärkreis dürften daher vorläufig nicht in Frage kommen.

Zu 5) Absolut erforderliche Zeit für Überholungsarbeiten an Kernkraftwerken

Die für routinemäßige Überholungsarbeiten erforderliche absolute Zeit (in diesem Falle also nicht das Verhältnis der Überholungszeit zur Betriebszeit zwischen zwei Überholungen) hängt gleichfalls vom Typ ab. Sie ist zusammen mit dem jahreszeitlichen Lastverlauf maßgebend für die unabhängig von der eigentlichen Reserve erforderliche Überkapazität des Netzes. Sind die nötigen Überholungsarbeiten während des jährlichen Lasttales möglich, so erübrigt sich eine Überkapazität.

Zu 6) Zugänglichkeit des Kernkraftwerkes für Reparaturen

Dieser Punkt hängt mit der Verfügbarkeit eng zusammen. Eine möglichst einfache Zugänglichkeit ist besonders für Entwicklungsländer wünschenswert, da dort vielfach improvisiert werden muß und man sich nicht auf ferngesteuerte Einrichtungen verlassen sollte.

Zu 7) Ausbildungserfordernisse für das Bedienungspersonal

Die Anforderungen an das Bedienungspersonal sind für alle Reaktortypen, die in nächster Zeit für Entwicklungsländer in Frage kommen, etwa gleich groß. In jedem Falle ist eine theoretische und praktische Ausbildung an einer bereits laufenden Reaktorstation ähnlichen Typs erforderlich. Abgesehen von den Kosten bedeutet dies, daß die Betriebsmannschaft aus besonders intelligenten und auch sprachlich fähigen Leuten bestehen muß.

Zu 8) Sicherheitseigenschaften des Reaktortyps

Über die relativen Sicherheitseigenschaften der Reaktoren vom Calder Hall-Typ, der amerikanischen wassergekühlten und der organisch moderierten Reaktoren läßt sich noch nichts Endgültiges sagen. Auf jeden Fall können alle genannten Typen auch in der Nähe von Wohngebieten ohne unzulässiges Risiko betrieben werden.

Welche Wirtschaftszweige werden nun durch die Möglichkeit der Errichtung von Kernkraftwerken betroffen? Abgesehen von den eventuellen landeseigenen Zulieferern sind es diejenigen, die auf elektrischen Strom angewiesen sind und bei denen er ein wichtiges Kostenelement ausmacht. Bei der erstverarbeitenden Industrie betragen die Energiekosten etwa ein Zehntel des Wertes, um den sie den Ausgangsstoff veredeln. In der weiterverarbeitenden Industrie liegen sie niedriger, im Mittel bei 3 v.H. In Kilowattstunden je t Produkt zeigt Tabelle 14 den Stromverbrauch einiger Industriezweige.

Stromintensive Industrien sind vor allem die Hersteller von Stahl, Uran, Aluminium und Magnesium sowie natürlich die Groß-Elektrochemie. Eine Vergleichmäßigung der Elektrizitätspreise würde eine Produktion in den Marktzentren oder an transportgünstigen Orten ermöglichen, anstatt an Wasserkraft- oder Kohlegebiete fixiert zu sein.

Eine transportgünstige Anwendung der Elektrizität wäre beispielsweise die Reduktion von Bauxit zu Al_2O_3 und dann zu Aluminium an der Quelle des Rohmaterials. Die Beförderungskosten würden so wesentlich gesenkt werden können. Bei den jetzigen Kernenergie-Preisen und den hohen Investitionskosten für diesen Wirtschaftszweig wird man jedoch vorläufig beim alten Verfahren bleiben, vor allem auch, weil ausländische Kapitalinvestitionen (beispielsweise durch die USA) in dieser Höhe wegen des Mangels an Sicherheit kaum ernsthaft erwogen werden dürften.

Aus Gründen eines möglichst hohen Ausnutzungsfaktors wird es besonders in Entwicklungsländern günstig sein, wenn durch gleichzeitige Errichtung einer strom- oder wärmeintensiven Industrie die Wirtschaftlichkeit

von Kernkraftwerken verbessert wird. Dafür kommen vor allem in Frage:
Düngemittel-Fabrikation, Graphit-Erzeugung und Elektrometallurgie.

Tabelle 14

Stromverbrauch und mittlerer Ausnutzungsfaktor einiger Industriezweige[87]

Industriezweig	Stromverbrauch in kWh/t	mittlerer Ausnutzungsfaktor
Aluminium-Produktion	15000 bis 24000	
Magnesium-Produktion	20000 bis 33000	
Steinkohlen-Bergbau (Ruhr)	34	0,56
Kohle-Hochöfen	47	
Elektro-Hochöfen	2400	
Grau-Gießereien	80	
Walzwerk	120 bis 200	
Zement-Fabriken	70 bis 100	0,6
Gummi (Kautschuk)	3550	
Buna u. ähnliche Kunststoffe	40000	
Seifen-Industrie	20 bis 80	0,6
Papier-Industrie	400	0,49
Zellstoff-Industrie	180 bis 250	0,3
Rohzucker-Produktion	110 bis 185	0,15
Karbid-Erzeugung	3500	
Sauerstoff-Herstellung (Linde)	0,18 bis 0,22 kWh/m^3	
Ammoniak-Synthese	1670	

Eine Schätzung der bis 1965 und 1980 installierten Kernkraftwerks-Kapazität in den verschiedenen Gebieten der nichtkommunistischen Welt zeigt Tabelle 15[88]. Es zeigt sich, daß für die Summe aller dort angeführten Länder und Kontinente ohne Westeuropa, USA und Kanada für 1965 1 500 bis 4 500 MW und für 1980 18 500 bis 32 500 MW erwartet werden. Das ist mit Sicherheit niedriger als die entsprechende Zahl für das

---

87. SCHOLL: "Anhaltszahlen über den elektrischen Kraft- und Wärmebedarf der Industrie". - VDEW, Frankfurt, 1951.
88. "Productive Uses of Nuclear Energy", National Planning Association 1957, Washington USA, Library of Congress, Catalog No. 57-13 470, S. 45.

Vereinigte Königreich (Großbritannien). Läßt man nun noch Japan und
Ozeanien fort, so bleiben für die eigentlichen entwicklungsfähigen Länder noch 800 bis 3 000 MW für 1965 und 8 000 bis 14 500 MW für 1980
übrig. Unter diesen Ländern dürfte Lateinamerika den größten Anteil erhalten, nämlich rund 50 v.H. Auf Asien werden etwa 30 v.H. entfallen.
In DM ausgedrückt dürfte sich der Kernkraftwerk-Markt der Entwicklungsländer in den Jahren 1965 bis 1980 auf 0,5 bis 1 Milliarde jährlich belaufen. Dabei sind lediglich die Kraftwerke selbst berücksichtigt,
nicht aber die indirekt dazugehörenden Industriezweige.

T a b e l l e 15

Vorausschätzung der Installierung von Kernkraftwerken in den
nichtkommunistischen Gebieten der Welt

Gebiet	Konvention. Kapazität 1955	Kernkraft Kapazität 1965	Kernkraft Kapazität 1980
Westeuropa	101207 MW	7500 - 15000 MW	115000 - 156000 MW
Euratom	47688 MW	2000 - 8000 MW	60000 - 75000 MW
Vereinigt. Königreich	27250 MW	5000 - 6000 MW	50000 - 66000 MW
Alle übrigen	26269 MW	500 - 1000 MW	5000 - 15000 MW
Afrika	5510 MW	200 - 500 MW	1500 - 3000 MW
Ozeanien	4459 MW	200 - 500 MW	1000 - 3000 MW
Nordamerika	146873 MW	2100 - 5500 MW	65500 - 243000 MW
USA	130896 MW	1500 - 4000 MW	60000 - 227000 MW
Kanada	12687 MW	500 - 1000 MW	5000 - 15000 MW
Alle übrigen	3299 MW	100 - 500 MW	500 - 1000 MW
Südamerika	7957 MW	200 - 1000 MW	4000 - 6000 MW
Brasilien	2970 MW	100 - 500 MW	2000 - 3000 MW
Alle übrigen	4987 MW	100 - 500 MW	2000 - 3000 MW
Asien	20673 MW	800 - 2000 MW	11500 - 19500 MW
Indien	3221 MW	100 - 500 MW	1500 - 3000 MW
Japan	14512 MW	500 - 1000 MW	9500 - 15000 MW
Alle übrigen	2940 MW	200 - 500 MW	500 - 1500 MW

4.24 Direkte Nutzung von Kernspaltungsenergie und -strahlung am
und im Kernreaktor

Chemie-Kernreaktoren mit Benutzung der kinetischen Kernfragmentenergie
sind zur Zeit wegen des unzureichenden Standes der Technik für die Entwicklungsländer ohne Bedeutung. Späterhin mag ihr Einsatz zur Dünge-

mittel-Fabrikation wichtig werden, da die Notwendigkeit dieser Chemikalien vor allem in den überbevölkerten Gebieten Asiens zunimmt.

Kernreaktoren als Strahlenquellen haben dagegen bereits jetzt Anwendungsmöglichkeiten in folgenden Gebieten:

    a) zur Herstellung spezieller radioaktiver Isotope, vor allem für Landwirtschaft und Medizin;

    b) zur Nahrungsmittel-Pasteurisierung, vor allem von Fleisch, speziell Schweinefleisch (Trichinose-Verhinderung);

    c) zur Reifungsverzögerung von Früchten mit langem Transportweg;

    d) zur Keimverhinderung pflanzlicher Nahrung;

    e) zum Saatschutz von Getreide und Reis;

    f) zum Erzielen von Nutzmutanten;

    g) zur Schädlingsausrottung.

Besonders große volkswirtschaftliche Bedeutung dürften die Punkte e), f) und g) haben, da der Aufwand im Verhältnis zum Erfolg relativ gering ist. Eine wirtschaftliche Saatschutzbehandlung setzt allerdings eine in weiten Gebieten gut organisierte Landwirtschaft voraus, da sich keine kleinen Reaktoreinheiten lohnen. Auch müssen die Transportvoraussetzungen sowie zentrale Lagerungseinrichtungen geschaffen werden.

Was das Züchten von Nutzmutanten angeht, so sind aus Entwicklungsländern bereits einige schöne Erfolge gemeldet worden. So berichtet das indische landwirtschaftliche Forschungsinstitut in Neu-Delhi über eine neue Weizenart, die sich durch frühes Blühen und Widerstandsfähigkeit gegen Pilzkrankheiten auszeichnet; ferner sollen einige pollensterile Baumwollsorten entstanden sein, die die ertragreichere Mischaussaat erleichtern[89].

In den USA ist außer der bereits in Abschnitt 3.24 genannten kurzhalmigen Gerste eine rund zwei Wochen früher reifende Pfirsichart gezüchtet worden, die außerdem festere und damit besser transportierbare Früchte liefert.

Von teilweise lebenswichtiger Bedeutung ist das Ausrotten von Schädlingen in den tropischen Entwicklungsländern. Aus diesem Grunde sind in

---

89. "Bessere Erträge durch Atomenergie", Bulletin der indischen Botschaft Bonn, Band IX, Nr. 1, Seite 18 - 19.

USA und Großbritannien Arbeiten im Gange, die die Vernichtung der Tsetse-Fliege zum Ziel haben. Bei dem zu erwartenden Erfolg würden große fruchtbare Gebiete intensiv nutzbar, deren Nähe bisher für Mensch und Tier eine tödliche Bedrohung darstellte.

Bei dem Kampf gegen die Tsetse-Fliege soll ähnlich vorgegangen werden, wie in Abschnitt 3.243 unter Besprechung C. 7) geschildert ist. Analog soll auch die orientalische Fruchtfliege, die Melonenfliege und der Kornwurm (white pinweevil) ausgerottet werden können.

4.3 Indirekte Anwendung der Kernreaktoren

Die durch Radioisotopen gegebenen Anwendungsmöglichkeiten in Entwicklungsländern sind zahllos. Außer den im vorigen Abschnitt unter f) und g) genannten Gebieten seien vor allem genannt:

Erforschung von Tropenkrankheiten

Ernährungsforschung (vor allem für Länder mit sehr einseitiger Ernährung wie China, Indien etc.).

Erforschung der Wirkung von chemischen Schädlingsbekämpfungsmitteln

Entwicklung von Unkrautvernichtungsmitteln

Entwicklung spezieller Dünge- und Wachstumsmittel.

Mit zunehmender Industrialisierung werden sich in den Entwicklungsländern auch die Einsparungen auswirken, die die technischen Anwendungen der Radioisotope bringen. Um eine Vorstellung davon zu geben, seien einige Angaben aus den USA gemacht. Man rechnet dort zur Zeit mit direkten jährlichen Ersparnissen von rund 150 Mio DM und indirekten Ersparnissen von etwa 1,5 Mrd. DM. Die größte Bedeutung haben die Radioisotope zur Zeit in der Mineralölindustrie, gefolgt von der chemischen Industrie sowie der Tabak-, Chemie- und Papierindustrie.

4.4 Friedliche Anwendung von Kernexplosionen

Dises Anwendungsgebiet hat die größten politischen Schwierigkeiten aufzuweisen und ist auch technisch noch in den Anfängen. Davon aber einmal abgesehen, gibt es einige interessante Perspektiven für spezielle Entwicklungsländer:

a) Herstellung von Häfen an bisher für die Schiffahrt unzugänglichen Küsten

b) Schnelle und billige Beseitigung von Hindernissen für den Aufbau von Land-Verkehrslinien

c) Aufschließung wichtiger Lagerstätten von Bodenschätzen.

Wärmeanwendungen sind vorläufig noch zu weit von der technischen Reife entfernt, um hier in Betracht gezogen zu werden.

5. Bisherige Tätigkeit und Planung bzw. Aussichten auf dem Gebiet der Atomkerntechnik in einigen Entwicklungsländern

In diesem Abschnitt sind einige Informationen über die Aktivität verschiedener Entwicklungsländer zusammengetragen. Die Länder sind in alphabetischer Reihenfolge angegeben:

Argentinien

Anfang 1958 wurde in Buenos Aires ein Forschungsreaktor vom Argonauttyp kritisch. Das angereicherte Uran-Oxyd sowie der Grundentwurf stammen aus den USA. Der Reaktor wurde jedoch nicht von amerikanischen Firmen gebaut. Besonders bemerkenswert ist, daß Argentinien als erste lateinamerikanische Nation seine eigenen Brennelemente fertigt[90].

Nukleare Elektrizitätserzeugung ist für den entfernten Zentralteil des Landes und für die östliche Provinz, in der Buenos Aires liegt, beabsichtigt. Man schätzt, daß bis 1980 etwa 2000 MW an Kernkraftwerken installiert sein werden. Als erste Anlage soll ein 150 MW-Kernkraftwerk mit Natururan in der Nähe von Buenos Aires gebaut werden. Die Brennstoffe werden im eigenen Lande gefördert. Eine Versuchsanlage zur Uranextraktion arbeitet bereits seit zwei Jahren.

Für die übrigen Landesteile werden die Öl- und Kohlevorkommen sowie die Wasserkräfte ausreichen. Man rechnet mit einem Anstieg der Gesamtkapazität der öffentlichen Kraftwerke von 1 600 MW_e im Jahre 1955 auf 3 600 MW_e im Jahre 1965 und 10 000 MW_e im Jahre 1980.

Australien

Australien gehört zwar nicht zu den Entwicklungsländern, bietet aber wegen seiner geographischen Gegebenheiten und dünnen Besiedelung in mancher Beziehung ähnliche Voraussetzungen.

---

90. F.A. FUERTES und O.O.M. GAMBA: "Construction and Start Up Operations on First Argentine Reactor, RA 1", Genfer Berichte, 1958, Nr. 1584.

Mit Ausnahme von Neu-Süd-Wales wird wenig Kohle gefunden. Erdöl und Erdgas fehlen gänzlich. Im Südosten des Kontinents befinden sich entwicklungsfähige Wasserkräfte. So ergeben sich für Kernkraftwerke folgende Aussichten: kleine Anlagen sind nötig für abgelegene Gebiete, vor allem für den Bergbau; geforderte Kilowattstunden-Kosten um 8 Dpf; mittlere Anlagen werden als Grundlastwerke für Städte mit hohen Kohlenpreisen gebraucht. Große Anlagen sind vorläufig ohne Markt, da der industrialisierte Süden als Hauptstromverbraucher relativ billige Kohle hat und dort zur Zeit Kilowattstunden-Kosten von 2 Dpf genannt werden.

Australien besitzt ein Forschungszentrum bei Sidney mit einem 10-MW-Materialtestreaktor vom schwerwasser-moderierten Typ.

Brasilien

Der erste im Rahmen des "Atoms for Peace"-Programms der USA in Südamerika gebaute Reaktor ist der Forschungs- und Testreaktor der Universität Sao Paulo mit 5 MW_{th}. Er wurde im September 1957 kritisch.

Brasilien hat eigene Uran- und Thorium-Vorkommen und beabsichtigt die Erzeugung von Elektrizität aus Kernkraftwerken im großen Maßstab. Dies hat vor allem seinen Grund darin, daß die Wasserkräfte bis etwa 1975 ausgeschöpft sind. Bis 1965 sollen 500 MW_e an nuklearen Anlagen installiert sein und bis 1975 etwa 3000 MW_e. Die Hauptschwierigkeit in Brasilien ist nicht das Erreichen der konventionellen kWh-Preise, sondern die Devisenlage. Diese legt den Wunsch nach einem möglichst weitgehenden Ausbau der Wasserkräfte nahe.

Für die nächste Zukunft plant die Nationale Kommission für Atomkernenergie mindestens einen 100- bis 150-MW_e-Reaktor bei Sao Paulo und mehrere 100-MW_e-Anlagen an verschiedenen Schwerpunkten des Landes, die nicht an ein Verbundnetz angeschlossen sind. Ferner denkt man an die Aufstellung von kleinen Kraftwerken, falls diese mit Dieselanlagen konkurrieren können (ca. 8,5 Dpf/kWh). Fürs erste muß dies aber bezweifelt werden.

Burma

Die Wasserkraftreserven des Landes sind außerordentlich groß. Sie betragen 2 000 bis 3 000 MW gegenüber einer zur Zeit installierten Kapazität von 150 MW. Für das energiewirtschaftlich zunächst nur wichtige Gebiet von Rangun sind sie aber ungünstig gelegen, so daß die spätere Installierung von Kernkraftwerken denkbar ist. Daher wurde das Atomenergiezentrum der Union von Burma gegründet, das u.a. Fachpersonal ausbildet und Kernenergiestudien betreibt.

Chile

Wie in Argentinien liegen die wasserkrafterzeugenden Gebiete von den Verbrauchergebieten weit entfernt. Letztere sind vor allem der nördliche Bergwerksdistrikt und die Städte Santiago und Valparaiso. Eigene Kohle ist teuer, importiertes Öl kann dagegen leicht verteilt werden.

Die große chilenische Elektrizitätsgesellschaft ENDESA befaßt sich zur Zeit mit grundsätzlichen Studien über Kernkraftwerke. Im mittleren und nördlichen Teil des Landes wird gegenwärtig ein Verbundnetz installiert, bei dem man erwägt, im Laufe der nächsten zehn Jahre ein 150-MW_e-Grundlast-Kernkraftwerk anzuschließen. Im Bergbau-Gebiet könnten bereits jetzt kleine Anlagen von 20 MW_e eingesetzt werden, wenn sie die Kilowattstunde für 10 bis 11 Dpf erzeugen. Das ist nach den Angaben in Abschnitt 3.2323 in naher Zukunft erreichbar.

China (Festland)

Infolge der großen Kohlevorkommen (die drittgrößten der Welt) und erheblicher unausgenutzter Wasserkraft ist für die nahe Zukunft keine nukleare Stromerzeugung von Bedeutung zu erwarten. Mit großer Intensität arbeitet man aber auf dem Gebiet der Forschung und der Radioisotopenproduktion, vor allem für die Landwirtschaft. Im September 1958 wurde ein schwerwasser-moderierter Forschungs-, Test- und Isotopenproduktionsreaktor mit 10 MW_{th} in Betrieb genommen. Er stammt aus der UdSSR.

Cuba

Die Elektrizitätserzeugung basiert hier vor allem auf Venezuela-Öl. Die Verbraucherpreise der Kilowattstunde liegen hoch (10 bis 12,5 Dpf/kWh) bei recht hohen Lastfaktoren der öffentlichen Stromversorgung (1957 etwa 50 v.H.). Den rund 300 MW an öffentlichen Kraftwerken stehen rund 400 MW aus Industriekraftwerken gegenüber, welche den Strom für abgelegene Anlagen (vor allem der Zucker-Industrie) liefern. Die Verhältnisse liegen also für Kernenergie recht günstig, wenn auch die absolute Größe des Marktes gering ist.

Zur Zeit ist eine Siedewasser-Reaktoranlage mit Öl-Überhitzung und rund 20 MW_e Leistung im Bau. Bei dem zugrunde gelegten Lastfaktor von 80 v.H. soll die erzeugte Energie etwas billiger als die aus einer gleich großen konventionellen Anlage sein. Die Inbetriebnahme des Kernkraftwerks ist für 1961 vorgesehen.

Indien

Seit August 1956 läuft in Trombay ein Swimming-Pool-Forschungsreaktor rein indischer Konstruktion, aber mit britischen Brennstoffelementen. Ein schwerwasser-moderierter Materialtest- und Isotopenproduktions-Reaktor wurde 1958 am gleichen Ort in Betrieb genommen. Er ist das Ergebnis indischer und kanadischer Zusammenarbeit; seine Brennelemente stammen aus Kanada. Das Atomzentrum Trombay dient außer der Forschung vor allem der Ausbildung. In der Nähe von Neu-Delhi werden ferner landwirtschaftliche Forschungen mit Radioisotopen durchgeführt (siehe Abschnitt 4.24).

1958 wurde eine Graphit-Fabrik in Betrieb genommen, deren Erzeugnisse nukleare Reinheit besitzen. Anlagen zur Herstellung von Schwerwasser, Beryllium und Zirkon sind im Bau bzw. in der Planung. Bilaterale Abkommen mit Großbritannien, Kanada, den USA und Frankreich dienen dem schnellen Aufbau eigener nuklearer Einrichtungen und der Ausbildung des notwendigen Personals.

Indien besitzt große Vorkommen an Thorium, jedoch relativ geringe an Uran, so daß es naheliegt, als Leistungsreaktoren Thorium-Brüter zu planen, die U 233 erzeugen[91]. Das setzt voraus, daß angereicherter Brennstoff vorliegt, der zum Vermeiden einer Import-Abhängigkeit mittels Plutonium hergestellt werden soll. Die erste Generation der indischen Kernkraftwerke muß demnach aus Natururan-Plutonium-Konvertern bestehen, die zweite aus Pu-angereicherten Thorium-Konvertern (und einigen Pu-Brütern) und die dritte aus thermischen U 233-Thorium-Brütern. Dieser Brennstoffweg führt nach BHABHA und PRASAD[91] zu der in Tabelle 16 wiedergegebenen, theoretisch möglichen Entwicklung.

Die folgenden Ausführungen beziehen sich ausschließlich auf diese Grundkonzeption.

Für die dritte Generation ergibt sich ein Thorium-Bedarf für die Erstladung von weniger als 0,3 t je MW installierter Leistung. Als Reaktortyp ist dabei ein thermischer Flüssigmetallbrennstoff-Reaktor vorgesehen, wie er in den USA zur Zeit in der ersten Entwicklung ist.

---

91. H.J. BHABHA und N.B. PRASAD: "A Study of the Contribution of Atomic Energy to a Power Programme in India", - Genfer Berichte, 1958, Nr. 1624.

Tabelle 16

Theoretisch möglicher Aufbauplan für indische Kernkraftwerke
nach den Ideen von BHABHA und PRASAD

Anlagenkennzeichng.	Inbetrieb-nahmejahr	elektr. Netto-leistung	primärer	erbrüteter
			Spaltstoff	
1. Generation	bis 1965	1000 MW$_e$	U_{nat}	Pu
2. Generation	" 1967	250-390 MW$_e$	U_{nat}+ Pu	U 233
3. Generation	" 1969	ca. 230 MW$_e$/Jahr	U 233	U 233
Typ 3. Generation	" 1979	1600 MW$_e$	U 233	U 233
Typ 3. Generation	" 1984	12000 MW$_e$	U 233	U 233

Tabelle 17 zeigt die entsprechend den Fünfjahresplänen vorgesehene Entwicklung der indischen Elektrizitätserzeugungskapazität einschließlich Kernkraftwerken.

Tabelle 17

Gegenwärtige und geplante Kraftwerkskapazität in Indien

Erzeugungs-art	März 1956	März 1961	März 1965	März 1986
Kohle	2460 MW	3880 MW	4900 MW	10000 MW
Wasserkraft	960 MW	3060 MW	9100 MW	30000 MW
Kernkraft	-	-	1000 MW	10000 MW
Summe	3420 MW	6940 MW	15000 MW	50000 MW

Man erkennt, daß die staatlich geplanten Werte für Kernkraftwerke nur wenig von den theoretisch errechneten nach Tabelle 16 abweichen. Bereits 1966 sollen 1000 MW elektrischer Nettoleistung in zwei Kernkraftwerken von je zwei Einheiten mit 250 MW$_e$ installiert sein.

Der Grund für die energische Planung nuklearer Stromerzeugung liegt nicht darin, daß sich die Kernenergie bereits jetzt wirtschaftlich günstiger stellt als die Verwendung konventioneller einheimischer Brennstoffe, sondern:

1) weil die Kohleförderung in Indien für die weitgespannte Planung der Elektrizitätserzeugung unzureichend ist und eine großzügige Erweiterung nach indischen Angaben mehr Investitionskosten verursachen

soll als gleichwertige Kernkraftanlagen zum Zeitpunkt der Auswirkungen solcher Aufschließungsarbeiten. Die Angabe von BHABHA und PRASAD, daß auch die vorhandenen Lagerstätten zu gering seien, muß dagegen bezweifelt werden. Andere Quellen nennen Vorkommen, die das 1000fache der jetzigen Jahresförderung ausmachen[92];

2) weil das wirtschaftlich tragbare hydroelektrische Potential Indiens in etwa 25 Jahren erschöpft sein wird und die Wasserkraftwerks-Projektierung von Jahr zu Jahr ungünstigere Verhältnisse vorfindet, ganz abgesehen von der räumlichen Begrenztheit der Wasserkraft;

3) weil die Ölvorkommen in Indien gering sind und nicht einmal für die Verkehrsmittel ausreichen;

4) weil die Transportkapazität für eine Versorgung der energiearmen Provinzen mit fossilem Brennstoff nicht ausreicht, der Ausbau teuer ist und zunächst die Transportschwierigkeiten der übrigen Wirtschaft beseitigt werden sollen.

Tabelle 18 zeigt die geschätzten Kilowattkosten von indischen Grundlast-Wärmekraftwerken. Zugrunde liegen Werte der bereits angezogenen Arbeit von BHABHA und PRASAD, wobei hier lediglich etwas andere mittlere Wirkungsgrade genommen wurden (0,28 und 0,26 statt 0,25 und 0,28) und in allen Fällen die gleiche elektrische Nettoleistung von 150 MW vorausgesetzt ist.

Sollten die Kohlenpreise von 40 DM/t auf 56 DM/t steigen (die Zechenpreise stiegen in den letzten 12 Jahren um 50 v.H.) und die Ölpreise von 90 DM/t auf 120 DM/t, so ergäben sich die gleichen Kilowattstundenpreise wie bei den Kernkraftanlagen. Auf der anderen Seite sinken die Preise für die Kernbrennstoffelemente mit Sicherheit. Ein Wert von 287 000 DM/t statt 350 000 DM/t würde bereits den Gleichstand mit den konventionellen Wärmekraftwerken der Tabelle 18 ergeben. Eine Erhöhung der Anlagengröße von 150 MW_e auf 250 MW_e (wie inzwischen tatsächlich geplant ist) würde sich ebenfalls zum Vorteil der Kernkraftwerke auswirken. Die Kilowattstundenpreise verhielten sich dann wie 3,1 zu 3,2 zu 3,6 Dpf/kWh statt wie 3,3 zu 3,3 zu 4,1 bei sonst gleichen Voraussetzungen wie in Tabelle 18. Eine Erhöhung der Preise für die fossilen Brennstoffe um 15 bis 20 v.H. bzw. eine Erniedrigung der Preise für die

---

92. "Wirtschaftliche, technische und soziale Probleme im Neuen Indien", Forschungsbericht des Landes Nordrhein-Westfalen, Nr. 729, Seite 37.

nuklearen Brennstoffelemente um 10 v.H. würde die dann noch vorhandene Differenz ausgleichen.

T a b e l l e 18

Geschätzte Energiekosten indischer Grundlast-Wärmekraftwerke

	Kohlekraftwerk	Ölkraftwerk	Kernkraftwerk[+]
Spezifische Anlagekosten einschließl. Zubehör, Gelände u. Geländeaufschluß	900 DM/kW	700 DM/kW	1500 DM/kW
Brennstoffinventar bei 35000 DM/t	-	-	583 DM/kW
Mittlerer Wirkungsgrad	0,28	0,28	0,26
Lastfaktor	0,80	0,80	0,80

Kapitalkosten
  Abschreibung 5 %
  Verzinsung 4,5 %
	0,65 Dpf/kWh
	0,58 Dpf/kWh
		0,50 Dpf/kWh
		0,45 Dpf/kWh
			1,07 Dpf/kWh
			0,96 Dpf/kWh

Verzinsung des Brennstoffinventars 24,5 %	-	-	0,38 Dpf/kWh
Betriebskosten	0,11 Dpf/kWh	0,11 Dpf/kWh	0,11 Dpf/kWh
Brennstoffkosten[++]	1,98 Dpf/kWh	2,26 Dpf/kWh	1,87 Dpf/kWh
Pu-Kredit mit 50000 DM/kg	-	-	-0,30 Dpf/kWh
Netto-Kilowattstundenkosten	3,32 Dpf/kWh	3,32 Dpf/kWh	4,09 Dpf/kWh

[+] Graphitmoderierter gasgekühlter Typ der ersten Generation

[++] Kohle zu 40 DM/t entsprechend großer Entfernung von der Zeche (Bombay). Öl zu 90 DM/t, Brennelemente zu 350000 DM/t mit 3000 MWd/t Ausbrand.

Die Energiekosten aus Kernkraftwerken der "2. Generation" werden etwa gleich hoch wie die der ersten geschätzt (siehe Tabelle 19).

Dabei ist als U-233-Kredit der von der USAEC angegebene Wert eingesetzt, der wahrscheinlich zu niedrig bemessen ist, so daß möglicherweise in Wahrheit noch ein etwas günstigerer Kilowattstundenpreis herauskommt. Bei 100 000 DM/kg ergäben sich 4,1 Dpf/kWh.

T a b e l l e 19

Energiekosten indischer Kernkraftwerke der 2. Generation

Spezifische Anlagekosten einschließlich Zubehör, Gelände und Geländeaufschluß	1150 DM/kW
Brennstoff- und Brutstoffinventar	360 DM/kW
Lastfaktor	0,80
mittlerer Wirkungsgrad	0,28

Kapitalkosten
  Abschreibung 5 %
  Verzinsung 4,5 %
	0,82 Dpf/kWh
	0,74 Dpf/kWh

Verzinsung des Brenn- und Brutstoffinventars	0,23 Dpf/kWh
Betriebskosten	0,12 Dpf/kWh
Pu-Brennstoffkosten	3,25 Dpf/kWh
Kredit für U 233 (8100 DM/kg)	- 0,89 Dpf/kWh
Nettopreis der kWh	4,26 Dpf/kWh

Für die "3. Generation" liegt ebenfalls schon eine Schätzung vor, die natürlich wegen der bis dahin zu erwartenden Entwicklung recht unsicher ist. Immerhin steht außer Zweifel, daß sich erheblich günstigere Werte ergeben als für die beiden ersten Generationen. Auch spielt hier der nominelle Wert des U 233 praktisch keine Rolle (siehe Tabelle 20).

Ein Vorteil der Anwendung von Kernkraftwerken in Indien ist die Tatsache, daß die Kohlevorkommen sehr ungleichmäßig verteilt sind. Mindestens drei Viertel des Landes sind ohne eigene fossile Brennstoffe, so daß die Kohle oft 2500 km transportiert werden muß.

Die Kapitalinvestierung für die Beförderung von 10^6 t km/a ist in Indien etwa 55 000 DM, wodurch sich bereits bei 1200 km Entfernung eines Kohlekraftwerks von der Zeche ein zusätzlicher jährlicher Kapitaldienst von rund 400 DM/kW ergibt. Der Transport von nuklearen Brennelementen bedeutet demgegenüber praktisch keinen wesentlichen Kapitalanteil, so daß sich eine Nivellierung der bis jetzt sehr unterschiedlichen Energiepreise in weiten Gebieten ergibt.

Tabelle 20

Energiekostenschätzung für indische Grundlast-Kernkraftwerke der 3. Generation

Spezifische Anlagekosten	1150 DM/kW
Brenn- und Brutstoffinventarkosten (je nach U 233-Wert)	89 bzw. 124 DM/kW
Lastfaktor	0,80
Wirkungsgrad	0,33

Kapitalkosten
  Abschreibung 5 %
  Verzinsung 4,5 %
	
	0,82 Dpf/kWh
	0,74 Dpf/kWh

Verzinsung des Brenn- und Brutstoffinventars	0,06 bzw. 0,08 Dpf/kWh
Betriebskosten einschließlich Brennstoffaufbereitungsanlage	0,95 Dpf/kWh
U 233-Kredit (Wertzumessung 81000 DM/kg oder 124000 DM/kg)	- 1,15 bzw. - 0,24 Dpf/kWh
Netto-kWh-Kosten	2,42 bzw. 2,36 Dpf/kWh, also etwa 2,4 Dpf/kWh

Volkswirtschaftlich wichtig ist ferner die Tatsache, daß je installiertem Kilowatt der Kapitalaufwand für die Kohleförderung (Zeche, Waschanlage) mehr als doppelt so hoch ist wie für die entsprechende Herstellung von Uran-Elementen (Erzförderung, Konzentration, Reinigung, metallurgische und keramische Fertigung).

Kurz zusammengefaßt ergibt der indische Plan folgendes Zukunftsbild: in der 1. und 2. Generation der beabsichtigten Kernkraftwerke ist die erzeugte elektrische Energie etwa ebenso teuer wie die aus Kohlekraftwerken. Für die 3. Generation, die sozusagen die Früchte der vorangegangenen erntet, erwartet man einen wesentlich niedrigeren mittleren Preis, nämlich etwa 2,4 Dpf/kWh gegenüber 3,6 Dpf/kWh. Die erste Million kW soll etwa 2,2 Mrd. DM kosten, die nächsten 250 000 kW 0,45 Mrd. DM. Der Summe von 2,65 Mrd. DM stehen etwa 1,8 Mrd. DM gegenüber, die nach den indischen Angaben die gleiche Kapazität an Kohlekraftwerken kosten würde. Die Differenz sollte in den darauffolgenden zehn Jahren durch die Einsparungen an Kapitalinvestitionen bei der 3. Generation der Kernkraftwerke mehr als ausgeglichen werden. Das würde bedeuten, daß nicht nur die kW-Preise durch Kernkraft niedriger werden, sondern auch nach relativ kurzer Zeit das Gesamtinvestierungskapital günstiger liegt als bei konventioneller Elektrizitätsproduktion.

Dieses Bild, das BHABHA und PRASAD auf der Genfer Atomkonferenz 1958 entwarfen, ist sicher zu optimistisch. Vor allem müssen die hohen Lastfaktoren angezweifelt werden. Die großen aufgezeigten Tendenzen sind aber unbestreitbar, und vor allem die Energie und die Spannweite der Planung bewundernswert.

Japan

Wie Australien ist Japan nicht zu den Entwicklungsländern zu rechnen, aber wegen seines Überbevölkerungsproblems und des Brennstoffmangels für das Thema von Interesse.

Seit dem 1. August 1957 arbeitet 120 km von Tokio entfernt ein 50 kW-Forschungsreaktor amerikanischer Bauart (homogener Lösungsreaktor) im Forschungszentrum des japanischen Atomenergie-Forschungsinstituts. Zwei weitere ähnliche Anlagen sind inzwischen gebaut oder im Bau. Ein schwerwasser-moderierter Test- und Isotopenproduktions-Reaktor mit 10 MW_{th} wird zur Zeit errichtet. Ferner ist die Produktion von schwerem Wasser in kleinem Maßstab angelaufen.

Für Japan ist die Kernenergie eine Notwendigkeit. Der Lebensstandard der wachsenden und dicht beieinanderwohnenden Bevölkerung läßt sich nur halten und erhöhen, wenn die industrielle Kapazität entsprechend wächst. Die japanische Energiewirtschaft ist aber bereits jetzt zu gut ein Viertel auf Importbrennstoffe angewiesen. Bis 1975 will Japan eine Vergrößerung seines Wirtschaftsvolumens auf das Zweieinhalbfache erreichen. Trotz des intensiven Ausbaus der eigenen Brennstoffproduktion und seiner Wasserkräfte würde etwa die Hälfte der Energieerzeugung von Importen abhängen. Daher sollen bis 1965 1000 MW und von 1965 bis 1975 3500 MW an Kernkraftwerksleistung installiert werden. Als Reaktortyp wurde vorläufig der gasgekühlte graphit-moderierte gewählt, in Leistungsgrößen von zunächst etwa 150 MW_e. Dabei ist ein Rückführen des Plutoniums vorgesehen, dessen technologische Schwierigkeiten man in einigen Jahren überwunden zu haben glaubt.

Bei den ersten Anlagen wird die japanische Industrie bereits 60 v.H. des Gesamtwerts zuliefern, bei den in zehn Jahren zur Errichtung gelangenden Kernkraftwerken hofft man 93 v.H. im eigenen Lande produzieren zu können. Damit wäre eine erhebliche Importverringerung der japanischen Energiewirtschaft gegenüber dem konventionellen Weg erreicht, da der Import von Uranerz-Konzentrat wesentlich billiger ist als der von Öl oder Kohle. Die Einfuhr von angereichertem Brennstoff wäre demgegenüber weniger günstig, woraus sich die vorläufige Wahl des gasgekühlten graphit-moderierten Reaktortyps erklärt.

Kolumbien, Mexiko und Peru

Die staatlichen Atomenergiebehörden untersuchen die Einsatzmöglichkeiten kleiner Kernkraftanlagen. Vor 1965 ist keine Realisierung zu erwarten.

Pakistan

In Westpakistan ist zwar ein erhebliches Wasserkraftpotential vorhanden (rund 900 MW), jedoch weit von den Verbraucherzentren entfernt. Die Produktion von Erdgas, Kohle und Öl reicht nur zum geringen Teil. In Ostpakistan sind außer einem ungünstig gelegenen Erdgasfeld praktisch keine Energiequellen vorhanden, so daß dort die Elektrizitätserzeugung aus Dieselaggregaten mit importiertem Öl als Brennstoff erfolgt. Kleine Kernkraftwerke ($5 \div 10$ MW$_e$) wären in Pakistan bereits in naher Zukunft diskutabel: die zulässigen Kilowattstunden-Kosten sind $8 \div 10,5$ Dpf bei niedrigem Kapitaldienst.

Philippinen

Bereits 1956 untersuchte eine amerikanische Firma die Aussichten für die Aufstellung einer 60 MW$_e$ Druckwasser-Reaktoranlage, kam aber zu dem Schluß, daß eine solche Planung verfrüht wäre. Man rechnet mit einer realen Möglichkeit für ein Kernkraftwerk um 1970.

Südafrikanische Union

Dieses Land gehört zu den größten Uranproduzenten der Welt. Für 1958 erwartete man eine Förderung entsprechend 6000 t U_3O_8 bei vorhandenen Reserven von schätzungsweise 370 000 t.

Dagegen ist vorläufig kein allgemeiner Bedarf für Kernkraftwerke vorhanden, da in Transvaal äußerst billige Kohle gefördert wird. Ölvorkommen und Wasserkraft sind jedoch praktisch nicht vorhanden. Für die abgelegenen Gebiete, z.B. die Diamant-Minen in Südwest-Afrika, ist der Einsatz von kleinen Kernkraftwerken denkbar. Die Forsyth Commission sowie der South-African Atomic Energy Board untersuchen diese Möglichkeit, beschäftigen sich aber vor allem mit der Uranerzförderung.

Forschungsarbeiten auf dem kerntechnischen Gebiet werden von den Universitäten an einem zentralen Institut durchgeführt, das einen Forschungsreaktor erhalten soll.

Uruguay

Das Land hat keine Vorkommen an fossilen Brennstoffen und nur wenig Wasserkraft. Die jetzige Elektrizitätserzeugungskapazität von 320 MW soll in zehn Jahren auf rund 700 MW gebracht werden. Man denkt daran, 200 MW des Zuwachses in Form von Kernkraftwerken vorzusehen (2 x 100 MW), die in den Jahren 1963 / 65 in Betrieb kommen sollen. Der Rest soll auf jeden Fall in Form von Wasserkraftwerken installiert werden. Die Energieversorgung von Uruguay ist staatlich.

Venezuela

In der Nähe von Caracas ist ein Forschungsreaktor mit 5 MW maximaler thermischer Leistung vom amerikanischen Pool-Typ installiert worden. Kernkraftwerke sind bei dem Ölreichtum des Landes nicht zu erwarten.

Vereinigte Arabische Republik

Die Atomenergiekommission der Vereinigten Arabischen Republik ist sowohl in Ägypten als auch in Syrien aktiv, da Elektrizität fehlt und Wasserkraft nicht ausreicht, auch nicht nach Errichtung des Assuan-Staudammes. Bei technischer und finanzieller Hilfe rechnet man mit der Errichtung von Kernkraftwerken mit insgesamt 200 bis 300 MW_e bis 1970.

Für Forschungsarbeiten wird die Vereinigte Arabische Republik in Kürze einen 2 MW_{th}-Reaktor von der UdSSR erhalten.

Vietnam

In Dalat, 300 km von Saigon entfernt, wird ein Forschungszentrum erstellt, das einen kleinen amerikanischen Forschungsreaktor erhalten soll.

6. Die Stellung der hochindustrialisierten Länder zu den Bestrebungen der Entwicklungsländer auf dem Gebiet der Atomtechnik

Die Situation zwischen den hochentwickelten Industrieländern und den Entwicklungsländern gleicht, wenn man überhaupt ein Bild verwenden kann, am ehesten derjenigen zwischen dem reichen Bürgertum und dem Proletariat zur Zeit des ausgehenden Frühkapitalismus. Rein rechtliche Mittel bestehen nicht, um der Not der einen aus dem relativen Reichtum der anderen zu steuern. Wohl aber gebieten sowohl Ethik und Menschlichkeit als auch die schlichte politische Vernunft, zu helfen und das Ansammeln von tödlichem Zündstoff zu verhindern. Damals wie jetzt steht das Gespenst des Kommunismus hinter den Problemen, damals wie jetzt haben sich verständliche Ressentiments angestaut, hervorgerufen durch viele Fälle der Unterdrückung und Ausbeutung, die oft das vorhandene Gute im Verhältnis der Klassen bzw. Völker zumindest optisch aufwogen; damals wie heute aber ist politische Vernunft am Werk, um Gegensätze in Partnerschaft umzuwandeln. Ein Zeichen dafür sind die internationalen Organisationen, von denen weiter unten die Rede sein wird.

Die Beeinflussung der Entwicklungsländer durch die westliche Zivilisation hatte vier Folgen:

1) der ursprünglich fremde nationalistische Gedanke wurde übernommen

2) Hygiene und medizinische Wissenschaft führten zu einem scharfen Rückgang der Sterberate gegenüber nur einem geringen Abfallen der Geburtenziffer

3) der Lebensstandard als Wertmaßstab menschlichen Lebens wurde eingeführt

4) durch den technisch bedingten engeren Kontakt zwischen den Völkern wurde den Menschen der Entwicklungsländer die Diskrepanz zwischen ihrem Lebensstandard und dem in den Industriestaaten zunehmend bewußt.

Das Zusammenwirken dieser vier Folgen ergibt einen politischen Druck, der gerade im Zeitalter der Ost-West-Spannung teilweise von entscheidender Bedeutung ist oder werden kann. Dies wurde sowohl von den USA und Großbritannien als auch von Sowjetrußland klar erkannt, wie die weiter unten folgenden Abschnitte über die Haltung einzelner Industriestaaten zu den Bemühungen der Entwicklungsländer zeigen. Entsprechend ihrer Rolle im Rahmen der westlichen Welt und entsprechend ihrem

Wirtschaftspotential wird auch die deutsche Bundesrepublik praktische Konsequenzen ziehen müssen. Gewisse Ansätze finden sich bereits.

6.1 Die Aufgaben und die Tätigkeit internationaler Organisationen

6.11 Das technische Hilfsprogramm der Vereinten Nationen

Die UNO hat 1949 ein "Technisches Hilfsprogramm für die wirtschaftliche Entwicklung entwicklungsfähiger Gebiete" ins Leben gerufen, das vor allem der Entsendung von Experten dient. Gerade in den Entwicklungsländern gibt es know-how-intensive Projekte, d.h. Vorhaben, bei denen weder viel Kapital noch viel Arbeitskraft erforderlich ist, sondern bei denen die Anwendung neuen Wissens den volkswirtschaftlichen Wirkungsgrad einer an sich vorhandenen Sache wesentlich erhöhen kann. Durch eine Art Katalyse wird also mit geringem finanziellen Aufwand großer Nutzen erzielt. In zunehmendem Maße werden auch Nuklear-Experten in diesem Programm eingesetzt.

6.12 Die Internationale Atomenergieagentur (I.A.E.A.)

Auf Anregung Präsident EISENHOWERs anläßlich der Verkündung des "Atoms-for-Peace"-Programms 1953 sprach sich ein Jahr später, im Dezember 1954, die Vollversammlung der Vereinten Nationen für die Gründung einer internationalen Atomenergiebehörde aus. Ein vorläufiges Statut wurde von der Acht-Nationen-Gruppe Australien, Belgien, Kanada, Frankreich, Portugal, Südafrikanische Union, Großbritannien und den USA im Jahre 1955 ausgearbeitet, worauf sich auch Brasilien, Indien, die Tschechoslowakei und die Sowjetunion anschlossen. Nachdem über 40 Nationen ihren Kommentar zum vorläufigen Statut gegeben hatten, wurde im Oktober 1956 das endgültige Statut von 81 Nationen unterzeichnet. Es gibt als Zwecke der IAEA an:

1. den Beitrag der Atomenergie zu Frieden, Wohlstand und Gesundheit in aller Welt zu beschleunigen und zu vergrößern;

2. sicherzustellen, daß die Hilfe, die die IAEA gewährt, nicht dazu benutzt wird, um irgendwelche militärischen Zwecke zu fördern.

Die Funktionen der IAEA sind:

  a) Forschung, Entwicklung und praktische Anwendung der Atomenergie zu unterstützen;

b) Vorsorge hinsichtlich Material (einschließlich nuklearem), Dienstleistungen, Ausrüstungen und Einrichtungen zu treffen, die für Atomenergieprogramme erforderlich sind;

c) den Austausch wissenschaftlicher und technischer Informationen zu fördern;

d) den Austausch und die Ausbildung von Wissenschaftlern zu unterstützen;

e) Sicherheitsvorkehrungen aufzustellen und zu beaufsichtigen, welche dazu dienen, daß spaltbare Materialien und andere Hilfen nicht zur Förderung militärischer Zwecke verwendet werden;

f) Sicherheitsvorschriften für den Schutz der Gesundheit und die weitgehende Verhinderung einer Gefährdung von Leben und Eigentum zu entwickeln.

Die IAEA als Organisation hat drei Hauptkomponenten: die Allgemeine Konferenz (General Conference), den Rat der Gouverneure (Board of Governors) und den Generaldirektor mit seinem ständigen Stab.

Das Initialprogramm der IAEA befaßt sich vor allem mit der technischen Ausbildung und Information sowie mit dem unmittelbar bestehenden Anwendungspotential der Radio-Isotope. Darüber hinaus soll aber Anleitung und technische Beratung denjenigen Ländern gegeben werden, die Atomenergieprogramme entwerfen oder ihre gegenwärtige Aktivität verstärken wollen, vor allem den Entwicklungsländern. Dies gilt nicht nur für die obengenannten Sachgebiete, sondern auch für das wesentlich substanziellere der Forschungs- und Leistungsreaktoren.

Auf der ersten IAEA-Konferenz im Oktober 1957 in Wien, dem Sitz der Behörde, boten die USA an, 5 000 kg U 235 den Mitgliedern verfügbar zu machen. Großbritannien nannte 20 kg und die UdSSR 50 kg, während Portugal 100 t UO_2-Konzentrat anbot.

Bei derselben Gelegenheit wurde der erste Generaldirektor der IAEA ernannt - W. Sterling COLE, USA - und weitere zehn Mitgliedsnationen des Rates der Gouverneure gewählt (Argentinien, Indonesien, Korea, die Niederlande, Pakistan, Peru, Venezuela und Vereinigte Arabische Republik). Sie kommen zu den 13 von der Vorbereitenden Kommission bereits genannten hinzu (Australien, Belgien, Brasilien, Canada, Dänemark, Frankreich, Großbritannien, Indien, Japan, Polen, Südafrikanische Union, Sowjetunion, USA).

Es ist sicher kein Zufall, daß sich unter den zehn neuen Ratsmitgliedern fast nur Repräsentanten von Entwicklungsländern befinden.

Die Gouverneure der IAEA haben inzwischen am 17. April 1959 die Entsendung von technischen Missionen nach mehreren asiatischen und lateinamerikanischen Ländern sowie nach Griechenland und der Vereinigten Arabischen Republik gebilligt. Unter den erstgenannten sind Burma, die Philippinen, Formosa, die Republik Korea, Vietnam, Japan, Argentinien, Brasilien und Venezuela. Die Experten der IAEA sollen diesen Ländern auf den Gebieten der Reaktortechnik, der Strahlenbiologie sowie der Anwendung von Radio-Isotopen in Medizin und Landwirtschaft helfen.

6.13 Die Internationale Bank für Wiederaufbau und Entwicklung (IBRD)

Die IBRD, meist kurz Weltbank genannt, ist eine 1945 gegründete kooperative Organisation, deren Anteilinhaber aus 67 Mitgliedsländern kommen. Das Ziel der Bank ist die Unterstützung der wirtschaftlichen Entwicklung der Mitgliedsländer, wodurch der Umfang des Welthandels erhöht und der gesamte Welt-Lebensstandard gesteigert werden soll. Bei weitem der größte Teil der Kredite wird für Anlagen der Elektrizitätserzeugung und -verteilung (36 v.H.), für den Aufbau von Grundstoffindustrien, für Bau und Unterhalt moderner Transporteinrichtungen und zur Verbesserung der Landwirtschaft gegeben. Schon vor der ersten Genfer Atomkonferenz im Jahre 1955 sind daher die Möglichkeiten der Kernenergie von der Weltbank mit besonderem Interesse behandelt worden, vor allem, weil in vielen der Mitgliedsländer Wasserkraft und fossile Brennstoffe von Jahr zu Jahr unzureichender werden. Im Jahre 1956 wurde der Report No. 1 der IBRD mit dem Titel "The Economics of Nuclear Power" veröffentlicht. Der Bericht kam zu dem Schluß, daß ein nukleares Großkraftwerk mit einem Ausnutzungsfaktor von 80 v.H. unter Bedingungen, wie sie in einigen Gebieten Europas und des Fernen Ostens vorkommen, mit konventionellen Wärmekraftwerken konkurrenzfähig sein kann. Dabei wurde ein Kohlepreis von 75 DM/t und ein Ölpreis von 110 DM/t angenommen.

Auf der zweiten Genfer Atomkonferenz wurde dann ein Bericht vorgelegt, der das 1957 gemeinsam mit der italienischen Regierung eingeleitete sogenannte Projekt ENSI behandelte[93]. Diese Studie (die mittlerweile verwirklicht wird) hatte drei Aufgaben:

---

93. F. IPPOLITO und Corbin ALLARDICE: "Project ENSI - A joint Government of Italy-World Bank Study of a large Nuclear Power Plant in Southern Italy", Genfer Berichte, 1958, Nr. 1120.

1) einen wirklichen Vergleich zwischen den Energiekosten eines Kernkraftwerks mit denen eines _konventionellen_ Wärmekraftwerks der gleichen Größe zu ermöglichen;

2) durch eine internationale Ausschreibung die ersten wirklich festen Daten über die relativen Kosten der _verschiedenen nuklearen_ Systeme zu erhalten;

3) durch eine Prüfung dieser Fakten durch die besten Experten die italienische Regierung in die Lage zu versetzen, das in dem betreffenden Fall Günstigste auszuwählen.

Die Wahl Süditaliens unter allen Gebieten mit Mangel an Wasserkraft und fossilen Brennstoffen hatte diese Gründe: das elektrische System des Landes sollte so groß und flexibel sein, daß eventuelle Kostenüberschreitungen und Betriebsschwierigkeiten des Kernkraftwerks keine zu großen Komplikationen hervorrufen können; ferner sollten die energiewirtschaftlichen Gegebenheiten möglichst bekannt sein und keine politischen Schwierigkeiten für bilaterale Regierungsabkommen bestehen. Außerdem ist Süditalien in vieler Beziehung zu den entwicklungsfähigen Gebieten zu rechnen, so daß die zu erwartenden Ergebnisse des ENSI-Projektes für die Fragestellung dieser Arbeit von großem Interesse sind.

6.14 Die Interamerikanische Kernenergiekommission

Im Rahmen der OAS (Organization of American States) ist im November 1957 die Bildung einer interamerikanischen Kernenergiekommission beschlossen worden. Die Aufgaben dieser Kommission bestehen vor allem in Hilfe für Forschung und Ausbildung in den Mitgliedsstaaten, technischer und bibliographischer Assistenz etc. Für spanisch sprechende Studenten wurde ein Nuklearzentrum an der Universität von Puerto Rico gegründet. Ferner wurde am Inter-American Institute of Agricultural Sciences in Turrialba, Costa Rica, ein Studienzentrum für die Anwendung der Atomenergie auf die Landwirtschaft eingerichtet.

6.15 Das asiatische Kernzentrum

Bei einem Besuch von Vertretern der sogenannten Colombostaaten in Washington im Jahre 1957 entstand der Plan, in Manila ein asiatisches Kernzentrum einzurichten, das der Ausbildung von asiatischen Kernwissenschaftlern, -ingenieuren und -technikern dienen soll. Gefördert wurde diese Idee von der US Atomic Energy Commission und dem US-Außenamt. Die Anlage ist technisch und organisatorisch noch im Aufbau.

6.2 Die allgemeine Haltung einzelner Industriestaaten

6.21 USA

Die Haltung der USA in bezug auf die Hilfe gegenüber den entwicklungsfähigen Ländern auf dem Atomgebiet ist wesentlich durch den kalten Krieg bestimmt. So sagt beispielsweise J. VOORHIS, Direktor der Cooperative League of the USA[94]:

> "Wir wünschen nicht, daß Rußland gegenüber uns die Führung in der wichtigsten ökonomischen Entwicklung unserer Zeit übernimmt. Wenn es dies erreichen sollte, wird es nahe daran sein, den kalten Krieg zu gewinnen".

Nicht nur bilaterale und multilaterale Abkommen zwischen der US Atomic Energy Commission und den Regierungen der jeweiligen Länder fallen unter diese Politik, sondern auch die Förderung von Vorhaben der amerikanischen Industrie in diesen Gebieten.

Im übrigen ist die zunächst sehr optimistische Beurteilung der Möglichkeiten der Kerntechnik für die Entwicklungsländer einer wesentlich skeptischeren Haltung gewichen. So heißt es in dem Buch "Atoms for Power", das sich mit der Politik der Vereinigten Staaten in bezug auf die Atomenergie befaßt:

> "Am besten würde man wohl so verfahren (und auch andere zum Einschlagen dieses Weges bestimmen), daß man die ökonomischen und sozialen Aspekte der Atomenergieentwicklung in den entwicklungsfähigen Gebieten genauestens analysiert, diejenigen Anträge auf Hilfe, die am gerechtfertigsten erscheinen, unterstützt, daß man bereit, aber nicht übermäßig darauf erpicht ist, Forschungsreaktoren zu erstellen, und daß man auf diplomatische Weise Anträge abbiegt, die offensichtlich die Aufnahmefähigkeit der betreffenden Länder übersteigen würden"[95]

Die bisher von den USA bevorzugte Art der Hilfe an andere Länder ist diejenige mittels bilateraler Verträge anstelle multilateraler Abkommen oder über internationale Organisationen. Der Grund dafür ist, daß bilaterale Abkommen eine wesentlich bessere Kontrollmöglichkeit bieten, wer

---

94. "Atoms for Power", herausgegeben von The American Assembly, Library of Congress 1957, Catalog Card No. 58 - 6048, Seite 104.
95. "Atoms for Power", The American Assembly, Columbia University, New York, Dezember 1957, Seite 122.

wann und wieviel Hilfe bekommt und wohin die Entwicklung führt. Es gibt bisher 39 bilaterale Forschungsabkommen (davon 24 mit Entwicklungsländern) und 12 bilaterale Leistungsreaktor-Abkommen (davon zwei mit Entwicklungsländern). Sie beziehen sich auf die Lieferung von spaltbarem Material für Forschungs- bzw. Leistungsreaktoren, auf finanzielle Hilfen und auf den Austausch zugehöriger technischer Informationen. Außerdem ist eine Anzahl internationaler Ausbildungsstätten in den USA in Funktion (z.B. in den National Laboratories von Oak Ridge und Argonne), die grundsätzlich für Angehörige aller nichtkommunistischen Länder offen sind. Gerade diese Schulen sind von besonderer Bedeutung für Entwicklungsländer, da jeder ausgebildete Mann eine Art Katalysatorwirkung in seinem Land ausüben kann.

Das Entsenden von technischen Experten und Planungsfachleuten durch die US Atomic Energy Commission auf Anforderung gehört ebenfalls in diese Gruppe der Hilfeleistung.

6.22 Vereinigtes Königreich (U.K.)

Die britische Haltung ähnelt weitgehend der amerikanischen, ist allerdings entsprechend der weniger zentralen Position im kalten Krieg und dem geringen wirtschaftlichen Reichtum weniger prononciert. Die Hilfe des Vereinigten Königreichs an Entwicklungsländer beschränkt sich vor allem auf die Mitglieder des Commonwealth. Sie bezieht sich auf die Anwendung von Isotopen, das Zurverfügungstellen von Forschungs- und Test-Reaktoren sowie auf das Lieferungsangebot von Leistungsreaktoren des verbesserten Calder Hall-Typs.

Die Schulungskurse von Harwell und Calder Hall dienen in gleicher Weise wie die entsprechenden amerikanischen Unternehmungen der indirekten Hilfe an die Entwicklungsländer.

6.23 UdSSR

Analog zu der Haltung der USA in bezug auf die Bedeutung der Atomtechnik im kalten Krieg ist das russische Vorgehen. Die technische Hilfeleistung erstreckt sich vor allem auf die Länder des Ostblocks, wobei als wichtigstes entwicklungsfähiges Land China zu nennen ist; darüber hinaus aber bietet Rußland insbesondere denjenigen asiatischen und afrikanischen Ländern, die nicht mit dem Westen durch Verträge gebunden sind, seine Assistenz an. Z.B. erhielt die Vereinigte Arabische Republik vor kurzem eine Forschungsreaktoranlage zu recht günstigen Bedingungen (siehe Abschnitt 5).

7. Folgerungen für die deutsche Industrie

Der industrielle Export ist für die Bundesrepublik eine Lebensnotwendigkeit. Da die Industrieländer auf dem Atomsektor selbst in jeder Beziehung autark sein wollen, bleibt hier im wesentlichen nur der Markt der Entwicklungsländer, der gleichzeitig eine Ebene der politischen Auseinandersetzung zwischen Ost und West darstellt. Dieser politische Aspekt bedeutet zusammen mit der Devisenarmut fast aller Entwicklungsländer, daß Lieferungen nur unter harten Bedingungen und mit langfristigem Zahlungsziel möglich sind. Hinzu kommt die scharfe Konkurrenz der westlichen Industriestaaten untereinander. Die harten Bedingungen und Risiken bedeuten, daß in den meisten Fällen eine weitgehende finanzielle Bürgschaft durch den Bund notwendig sein wird.

Was die Größe des Marktes angeht, so kommen zu den ein bis zwei Mrd. DM pro Jahr für nukleare Wärmeerzeuger und Kernkraftwerke, die ab 1965 geschätzt werden können, die Liefermöglichkeiten hinzu, die im Zusammenhang mit Kernreaktoren und Radio-Isotopen als Strahlenquellen stehen, vor allem also Meßgeräte und spezielle Feinmechanik. Vor allem aber wird der unter wechselseitigem Einfluß mit der Atomtechnik gleichzeitig oder im Anschluß zu vollziehende _allgemeine Industrieaufbau_ ungeheure Absatzmöglichkeiten bieten. Es ist anzunehmen, daß dasjenige Land mit den entscheidenden Lieferungen auf nuklearem Gebiet in einem Entwicklungsland dort ein solches Prestigegewicht erhält, daß es auch auf dem nicht-nuklearen Sektor bevorzugt wird.

Für die deutsche Industrie werden daher folgende Empfehlungen ausgesprochen:

1. Möglichst schnelle und gründliche Aneignung der Nuklear-Technologie

    a) durch Zusammenarbeitsverträge mit erfahreneren ausländischen Firmen (solche Zusammenarbeit liegt auch im Interesse der know-how-gebenden Seite, wenn durch die relativ billige Fertigung gewisser Teile in Deutschland Geschäfte zustande kommen, die sonst unmöglich wären. Vor allem gilt das für US-Firmen);

    b) durch Beteiligung an regionalen und internationalen Forschungs- und Entwicklungsprogrammen;

    c) durch Förderung und Nutzung der Forschungsanlagen von Bund und Ländern;

d) durch Ausbildung einer möglichst großen Zahl von Fachleuten an bestehenden Anlagen und in erfahrenen Firmen und Institutionen, vorläufig vor allem im Ausland.

2. Baldige Errichtung und experimenteller Betrieb von <u>verschiedenartigen</u> Leistungsreaktoren in der Bundesrepublik. Kein Entwicklungsland wird Aufträge auf Dinge erteilen, deren Erprobung im Herstellerland nicht nachgewiesen werden kann.

3. Entsendung junger deutscher Nuklear-Fachleute nach ihrer Grundausbildung nicht nur in die industriell hochentwickelten Länder, sondern auch in die Entwicklungsländer. Dies wird möglich sein:

   a) im Rahmen des technischen Hilfsprogramms der UNO oder der IAEA
   b) im Rahmen von Firmenaufträgen
   c) im Rahmen von Austausch-Stipendien und Austausch-Dozenturen.

4. Ausbildung von Angehörigen der Entwicklungsländer in Deutschland mit anschließender Praxis in deutschen Firmen.

5. Ausbildung von Angehörigen der Entwicklungsländer in von der Bundesrepublik oder deutschen Firmen gebauten und unterhaltenen Schulen und Instituten in den Entwicklungsländern.

6. Errichtung bzw. intensive Förderung von Instituten, die die Erforschung der Probleme der Entwicklungsländer zum Ziele haben.

7. Regelmäßiger Erfahrungsaustausch der an Anwendungen der Kerntechnik in Entwicklungsländern interessierten Wissenschaftler, Techniker, Juristen und Politiker. Errichtung einer zentralen Dokumentationsstelle.

8. Inangriffnahme folgender <u>technischer</u> Arbeiten:

   a) Entwicklung von billigen, robusten und transportablen Reaktoren kleiner Leistung zur Erzeugung von Prozeßdampf und Elektrizität. Leistungsstufen entsprechend 10 MW_{th}, 40 MW_{th} und 200 MW_{th}.

   b) Entwicklung von herstellungs- und werkstofftechnisch einfachen Bauelementen für Leistungsreaktoranlagen mit dem Ziel, ihre Produktion auf dem Lizenzwege oder über Tochtergesellschaften deutscher Großunternehmen in den Entwicklungsländern (mit etwa paritätischem landeseigenen Anteil) in den jeweiligen Staaten selbst zu ermöglichen.

c) Entwicklung von speziellen Leistungsreaktoren zur Gammabestrahlung von Massengütern (Saat-, Nahrungsmittel etc.).

d) Behandlung von Problemen der Pu- und Th-Technologie mit dem Ziel, Brennstoffkreisläufe zu schaffen, bei denen im Reaktor statt mit U 235 angereicherte Brennelemente solche mit Pu oder U 233 benutzt werden können. Abhängigkeit von den Staaten mit Isotopen-Anreicherungsanlagen ist durchweg unerwünscht.

9. Inangriffnahme folgender biologischer Arbeiten:

a) Erforschung der Möglichkeiten und Voraussetzungen für das Ausrotten von Schädlingen und Krankheitserregern mit strahlen-biologischen Mitteln.

b) Züchtung von Nutzmutanten für die Landwirtschaft insbesondere tropischer Länder.

10. Inangriffnahme folgender volkswirtschaftlicher Arbeiten:

Untersuchungen des kapitalmäßig und energiewirtschaftlich günstigsten Einsatzes der Kernkraft zur Erhöhung des Exportwertes von Produkten des jeweiligen Entwicklungslandes bzw. zum Ersatz von Importwaren. Ziel: Ausgleich der Handelsbilanz.

Dipl.-Phys. Manfred Siebker

Verzeichnis der Tabellen

Tab. 1: Vorausschätzung der Weltbevölkerung bis 1975.

Tab. 2: Bevölkerung und Arbeitspotential der Welt im Jahre 1950.

Tab. 3: Erzeugung von Energie vor und nach dem zweiten Weltkrieg.

Tab. 4: Erdölförderung 1955 und Erdölreserven Anfang 1956.

Tab. 5: Anwendungen der Wärme von Kernreaktoren.

Tab. 6: Brennstoffkosten eines nuklearen Industriedampf-Erzeugers.

Tab. 7: Wert des im bestrahlten Uran enthaltenen spaltbaren Materials.

Tab. 8: Verteilung der Spaltungsenergie eines Urankernes.

Tab. 9: Kosten der Co 60-Produktion in einem speziellen Konverter-Reaktor.

Tab. 10: Kraterabmessungen bei Oberflächen-Detonationen am trockenen Medium.

Tab. 11: Kraterabmessungen bei Untergrund-Detonationen im trockenen Medium.

Tab. 12: Gesamtenergie- und Prozeßwärmeverbrauch je Kontinent (1952).

Tab. 13: Aufteilung der kWh-Kosten nach Devisenanteil (Schätzwerte).

Tab. 14: Stromverbrauch und mittlerer Ausnutzungsfaktor einiger Industriezweige.

Tab. 15: Vorausschätzung der Installierung von Kernkraftwerken in den nichtkommunistischen Gebieten der Welt.

Tab. 16: Theoretisch möglicher Aufbauplan für indische Kernkraftwerke nach den Ideen von BHABHA und PRASAD.

Tab. 17: Gegenwärtige und geplante Kraftwerkspapazität in Indien.

Tab. 18: Geschätzte Energiekosten indischer Grundlast-Wärmekraftwerke.

Tab. 19: Energiekosten indischer Kernkraftwerke der 2. Generation.

Tab. 20: Energiekosten-Schätzung für indische Grundlast-Kernkraftwerke der 3. Generation.

Verzeichnis der Schaubilder

Abb. 1: Nationaleinkommen als Funktion des Energieverbrauchs.

Abb. 2: Nationaleinkommen als Funktion des Elektrizitätsverbrauchs.

Abb. 3: Nationaleinkommen als Funktion der installierten Kraftwerksleistung.

Abb. 4: Gesamtaspekt der Nuklearindustrie.

Abb. 5: Transportkosten konventioneller und kernenergiegetriebener Schiffe als Funktion der Geschwindigkeit.

Abb. 6: Entwicklung der Kapitalkosten und Gewichte bei konventionellen und kernenergetischen Schiffsantrieben.

Abb. 7: Erzeugung und Belastung am westdeutschen öffentlichen Netz (Winterwerktag 1956).

Abb. 8: Erzeugung und Belastung am westdeutschen öffentlichen Netz (Sommerwerktag 1956).

Abb. 9: Geordnete Jahresbelastungskurven bezogen auf Höchstlast.

Abb. 10: Relative Wirkungsgradverschlechterung als Funktion der Lasthöhe.

Abb. 11: Kostenersparnis durch Einsatz von Wärmespeichern.

Abb. 12: Effektive Anlagekosten und Kapitalanteil des Strompreises bei Verwendung von Wärmespeichern.

Abb. 13: Uran-Preise in Abhängigkeit von der U 235-Konzentration.

Abb. 14: Der mittlere Wirkungsgrad eines Kraftwerkes in Abhängigkeit vom Ausnutzungsgrad.

Abb. 15: Strompreis als Funktion der Ausnutzungsdauer bei 50 MW Nettoleistung, 16 % Kapitaldienst und 8 % Zinssatz (Inbetriebnahme 1963).

Abb. 16: Strompreis als Funktion der Ausnutzungsdauer bei 100 MW Nettoleistung, 16 % Kapitaldienst und 8 % Zinssatz (Inbetriebnahme 1963).

Abb. 17: Strompreis als Funktion der Ausnutzungsdauer bei 150 MW Nettoleistung, 16 % Kapitaldienst und 8 % Zinssatz (Inbetriebnahme 1963).

Abb. 18: Strompreis als Funktion der Ausnutzungsdauer bei 200 MW Nettoleistung, 16 % Kapitaldienst und 8 % Zinssatz (Inbetriebnahme 1963).

Abb. 19: Strompreis als Funktion der Ausnutzungsdauer bei 50 MW Nettoleistung, 12 % Kapitaldienst und 6 % Zinssatz (Inbetriebnahme 1963).

Abb. 20: Strompreis als Funktion der Ausnutzungsdauer bei 100 MW Nettoleistung, 12 % Kapitaldienst und 6 % Zinssatz (Inbetriebnahme 1963).

Abb. 21: Strompreis als Funktion der Ausnutzungsdauer bei 150 MW Nettoleistung, 12 % Kapitaldienst und 6 % Zinssatz (Inbetriebnahme 1963).

Abb. 22: Strompreis als Funktion der Ausnutzungsdauer bei 200 MW Nettoleistung, 12 % Kapitaldienst und 6 % Zinssatz (Inbetriebnahme 1963).

Abb. 23: Strompreis als Funktion der Ausnutzungsdauer bei 50 MW Nettoleistung, 8 % Kapitaldienst und 4 % Zinssatz (Inbetriebnahme 1963).

Abb. 24: Strompreis als Funktion der Ausnutzungsdauer bei 100 MW Nettoleistung, 8 % Kapitaldienst und 4 % Zinssatz (Inbetriebnahme 1963).

Abb. 25: Strompreis als Funktion der Ausnutzungsdauer bei 150 MW Nettoleistung, 8 % Kapitaldienst und 4 % Zinssatz (Inbetriebnahme 1963).

Abb. 26: Strompreis als Funktion der Ausnutzungsdauer bei 200 MW Nettoleistung, 8 % Kapitaldienst und 4 % Zinssatz (Inbetriebnahme 1963).

Abb. 27: Strompreis als Funktion der Nettokapazität (bei T = 4000 h/a) Kapitaldienst 16 %, Zinssatz 8 %.

Abb. 28: Strompreis als Funktion der Nettokapazität (bei T = 4000 h/a) Kapitaldienst 12 %, Zinssatz 6 %.

Abb. 29: Strompreis als Funktion der Nettokapazität (bei T = 4000 h/a) Kapitaldienst 8 %, Zinssatz 4 %.

Abb. 30: Strompreis als Funktion der Nettokapazität (bei T = 6000 h/a) Kapitaldienst 16 %, Zinssatz 8 %.

Abb. 31: Strompreis als Funktion der Nettokapazität (bei T = 6000 h/a) Kapitaldienst 12 %, Zinssatz 6 %.

Abb. 32: Strompreis als Funktion der Nettokapazität (bei T = 6000 h/a) Kapitaldienst 8 %, Zinssatz 4 %.

Abb. 33: Kostenschnittpunkte für Kernkraftwerke verschiedenen Typs.

Abb. 34: Gleichwertiger Wärmepreis für Brennstoffe konventioneller Kraftwerke im Vergleich zu Kernkraftwerken.

Abb. 35: Zustandsphasen nach dem Rainier-Experiment.

Abb. 36: Der mittlere Ausnutzungsgrad aller Elektrizitätserzeuger eines Landes als Funktion der Gesamterzeugung elektrischer Energie.

Abb. 37: Das für 1970 erwartete Marktpotential an Kernkraft in Abhängigkeit von den Erzeugungskosten (Amerika und Asien).

Abb. 38: Das für 1970 erwartete Marktpotential an Kernkraft in Abhängigkeit von den Erzeugungskosten (Europa, Afrika und Ozeanien).

8. Literaturverzeichnis

ALLARDICE, CORBIN und F. IPPOLITO	Project ENSI - A joint Government of Italy-World Bank Study of a large Nuclear Power Plant in Southern Italy, Genfer Berichte, 1958, Nr. 1120
	The Atomic Industry 1957. Edited by Atomic Industrial Forum, New York, USA
	Atoms for Power, herausgegeben von: The American Assembly, Library of Congress 1957, Catalog Card No. 58 - 6048
	Bessere Erträge durch Atomenergie, Bulletin der indischen Botschaft Bonn, Band IX, Nr. 1, S. 18-19
BHABHA, H.J. und N.B. PRASAD	A Study of the Contribution of Atomic Energy to a Power Programme in India. Genfer Berichte, 1958, Nr. 1624
BHABHA, H.J.	The Role of Nuclear Power in Underdeveloped Countries. Öffentlicher Vortrag am 5. September 1958 in Genf
BÖHM, J.	Zur industriellen Erschließung unterentwickelter Gebiete. Energie 10 (1958), Nr. 12, S. 507-509
BOOTH, E.S. und G. KENNEDY	The Economics and Design of the Festiniog Pumped Storage Scheme. Weltkraftkonferenz Montreal 1958, Bericht Nr. 86 A 2/4
BROWER, R.F. et al.	The Consolidated Edison Comp. of New York Nuclear Electric Generating Station. Genfer Berichte, 1958, Nr. 1885

BROWN, H. und G.W. JOHNSON	Non-Military Uses of Nuclear Explosions. Genfer Berichte 1958, Nr. 2179
CARTWRIGHT, H. und J. TATLOCK	The Dounreay Fast Reactor - Basic Problems in Design. Genfer Berichte, 1958, Nr. 274
CHRISTIANSEN E. und A.H. SPARROW	Improved Storage Quality of Potato Tubers after Exposure to Co 60 Gammas. Handbook of Radioisotope Applications, S. 118/119, Nucleonics (1957), New York
CLIFCORN, L.E.	The Food Industries Attitude Toward Radiation Sterilisation. Handbook of Radioisotope Applications, S. 54 ff, Nucleonics, (1957), New York
COE, R.J.	Yankee Atomic Electric Plant. Genfer Berichte, 1958, Nr. 1038
DAHL O.	The Halden Boiling Heavy Water Reactor. Genfer Berichte, 1958, Nr. 559
DALLYN, S.I. et al.	Extending Onion Storage Life by Gamma Irradiation. Handbook of Radioisotope Applications, S. 120/122, Nucleonics (1957), New York
DAVEY, H.G. und J. GAWTHROP	Operating Experience at Calder Hall. Genfer Berichte, 1958, Nr. 1522
DAVIS, W.K. und U.M. STABLER	Highlights of Nuclear Power Development in the United States. Genfer Berichte, 1958, Nr. 1076
DAVIS, W.K.	Where do we stand to-day? Nucleonics 16 (1958), Nr. 1, S. 49

DAWSON, J.K.	The Possibility of the Direct Application of Fission Recoil Fragment Energy to Industrial Chemical Processes. Genfer Berichte, 1958, Nr. 76
	Erdölnachrichten. Deutsche Shell-AG Hamburg, Nr. 100, vom 15.6.1956
	Estimates of Nuclear Energy Production in Europe 1958 - 1965. OEEC-Bericht, 1959, S. 22
FARIS, F.E. et al.	Operating Experience with the Sodium Reactor Experiment. Genfer Berichte, 1958, Nr. 452
FIPACE	Ziele und Aufgaben für Euratom. Praktische Energiekunde 5 (1959), Nr. 4, S. 334
FRILUND, H.	Vad är kostnaden för elkraft genererad av atomkraftverk? Ekono, Helsinki, 1955
FUERTAS, F.A. und O.O.M. GAMBA	Construction and Start Up Operations on First Argentine Reactor, RA 1. Genfer Berichte, 1958, Nr. 1584
	Gemeinsames Atomkraftwerksprogramm Euratom/USA. Bericht der Euratomkommission EUR/C/1905/5/58d, deutsche Fassung
GODWIN, R.P. und W.H. ZINN	The Use of Nuclear Energy for Purposes other than the Generation of Electricity. Genfer Berichte, 1958, Nr. 1831

GOMBERT, H.I. et al.	Using Co 60 and Fission Products in Pork Irradiation Experiments. Handbook of Radioisotope Appl., New York 1957, S. 62 - 66
GOODMAN, C. et al.	Experience with the US Nuclear Power Reactors. Genfer Berichte, 1958, Nr. 1075
GRAINGER, L. et al.	Advances in the Design of Gas-Cooled Power Reactors. Genfer Berichte, 1958, Nr. 312
HANNAN, R.S. und H.I. SHEPPARD	Food Investigation. Special Report Nr. 61
HARDUNG-HARDUNG	Chancen in der Atomwirtschaft. 1. Auflage, Düsseldorf 1958
HARTWELL, R.W.	Enrico Fermi Atomic Power Plant. Genfer Berichte, 1958, Nr. 1858
	Helium Gas Turbine Nuclear Plants for High Temperature Power Cycles. Power Engng. 61, August 1957, S. 78-81
	India's Five Year Plan. Government of India 1957
	Internationale Wirtschaftszahlen. G. Westermann-Verlag 1956
	Jahrbuch "India 1957", Government of India 1958
KASSCHAU, K. et al.	The Design and Operation of the APPR-1. Genfer Berichte, 1958, Nr. 1926
	Kernenergie-Schiffsanlagen mit Gasturbinen. Schiff und Hafen 10 (1958), Nr. 2, S. 123/126

KOCH, L.I. et al.	Construction Design of EBR - II. Genfer Berichte, 1958, Nr. 1782
KRASIN, A.K. et al.	Operatin the First USSR Atomic Power Station with the Fuel Channels Working in Boiling Conditions. Genfer Berichte, 1958, Nr. 2183
McGEE, J.P. und H. PERRY	Use of Nuclear Energy for Process Heat. Genfer Berichte, 1958, Nr. 495
MAXSON, R.D.	The Dresden Nuclear Power Station. Genfer Berichte, 1958, Nr. 2372
MAYER, Karl M., USA	The Economic Setting for Nuclear Power and Heat Development. Genfer Berichte, 1958, Nr. 2163
MEYER, D., TH Stuttgart	Volkswirtschaftliche Probleme des Rohrleitungstransports. Vortrag am 28.2.1959 in München
MIROLIUBOV, A. und S. ROKOTIAN	Wirtschaftliche Merkmale der Stromübertragung auf weite Entfernungen in der UdSSR. Weltkraftkonferenz Montreal 1958, Paper 118 D/9, S. 2 ff
MUSIL, L.	Die Gesamtplanung von Dampfkraftwerken. Springer-Verlag, 1948
O'DONNEL, A.J.	World Programme with the Atom - Since Geneva. SRI-Journal, USA, 4. Quarter 1957
OKADA, I., Japan	Referat über Bericht 8 G/11 der Weltkraftkonferenz Montreal 1958. In BWK 11 (1959), Nr. 2, S. 88
	The Pebble Bed Reactor.(Review of Sanderson a. Porter) USAEC Report CF-58-7-65

POLAK, H.	Fortschritte bei der Entwicklung organisch-moderierter Kernkraftwerksreaktoren großer Leistung. Atomenergie 3 (1959), Nr. 8/9, S. 315-320
	Power Reactors (Nuclear Reactor Plant Data Vol. I); ASME 1958
	Productive Uses of Nuclear Energy, herausgegeben von der National Planning Association, Washington, USA, 1957
RIEZLER-WALCHER	Kerntechnik. B.G. Teubner-Verlag, 1959
ROBERTS, R.	Die industrielle Verwendung von Spaltprodukten. Atompraxis 3 (1957) Nr. 6, S. 215
	Report of the Panel on the Impact of the Peaceful Uses of Atomic Energy. Government Printing Office Washington DC, USA, Januar 1956
SHEPHERD, R.L.	The possibilities of Achieving High Temperatures in a Gas-Cooled Reactor. Genfer Berichte, 1958, Nr. 314
SIEBKER, M.	Kernenergie in Skandinavien. Energie 9, (1957), Nr. 10, S. 367-373
SIEBKER, M.	Schiffsantriebe durch Kernreaktoren. Hansa 95 (1958), Nr. 12/13, S. 566-572
SIMPSON, J. und H. RICKOVER	Shippingport Atomic Power Station (PWR). Genfer Berichte, 1958, Nr. 2462

SKVORTSOV, S.A. et al.	Pressure Water Power Reactors in the USSR. Genfer Berichte, 1958, Nr. 2184
SMIDT, D.	Wirtschaftlichkeit von Wärmespeichern in Verbindung mit Reaktorkraftwerken. Die Atomwirtschaft 3 (1958), Nr. 12, S. 510-511
	Statistical Yearbook 1957. United Nations, New York
STRATH, S.W.	The UK-Programme for the Development of Nuclear Power. Genfer Berichte, 1958, Nr. 262
STUMPF, H.	Beitrag zur Frage gekoppelter Gasturbinen-Dampfturbinen-Prozesse. Elektrizitätswirtschaft 57 (1958), Nr. 21, S. 676-688
TRILLING, C.A.	The OMRE - a Test of the Organic Moderator-Coolant Concept. Genfer Berichte, 1958, Nr. 421
	University of Michigan, Progress Report 7, No. 1943-17: "Utilization of Fission Productions", S. 205 und S. 211
	Wirtschaftliche, technische und soziale Probleme im Neuen Indien. Forschungsbericht des Landes Nordrhein-Westfalen, Nr. 729, S. 37

Wirtschaftlichkeit von Wärmespeichern in Verbindung mit Reaktorkraftwerken (Diskussion).
Die Atomwirtschaft 4 (1959), Nr. 5, S. 199

World Economy Survey 1958, United Nations, New York 1956

Anhang

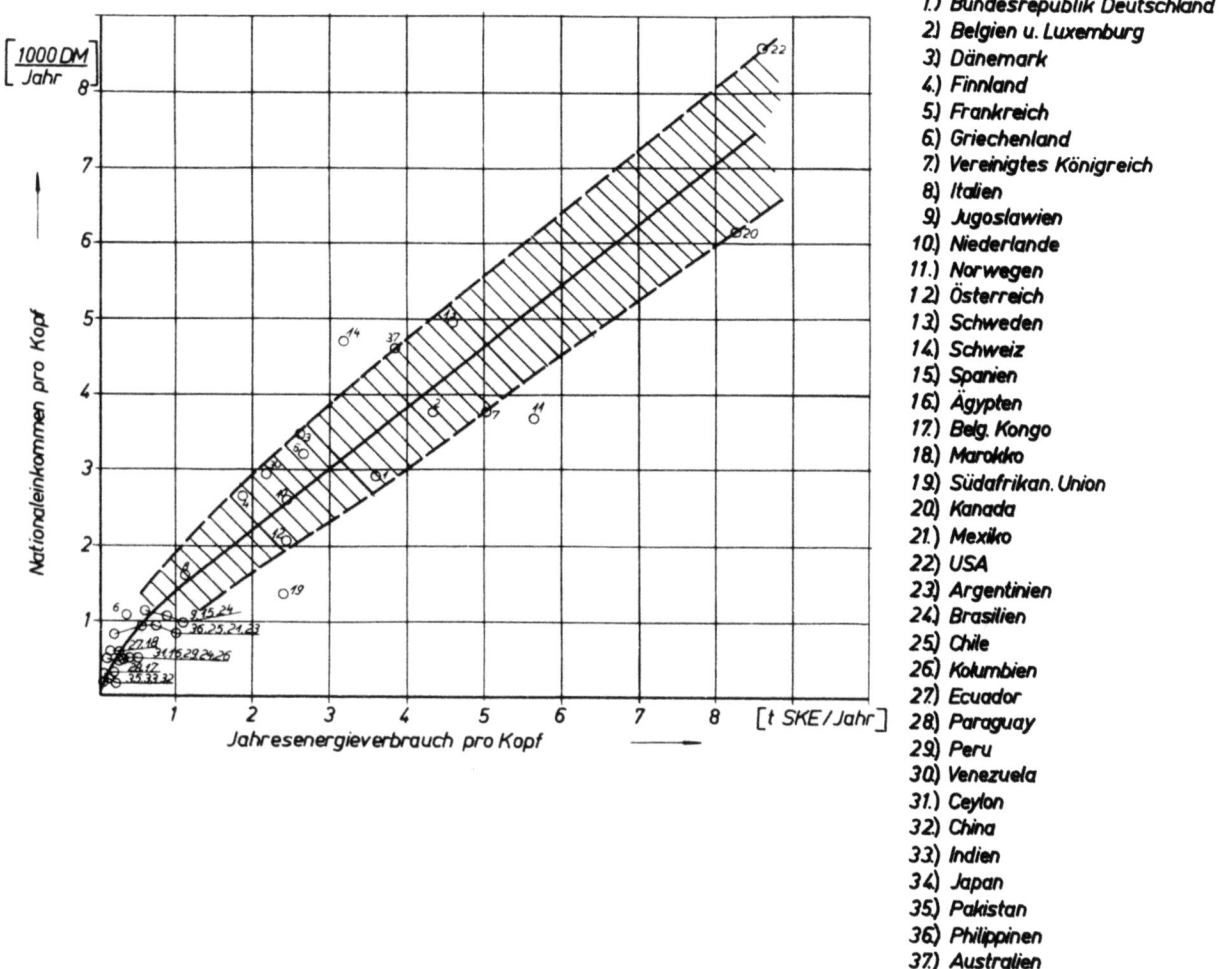

Abbildung 1

Nationaleinkommen als Funktion des Energieverbrauchs

(beides pro Kopf der Bevölkerung und für 1956)

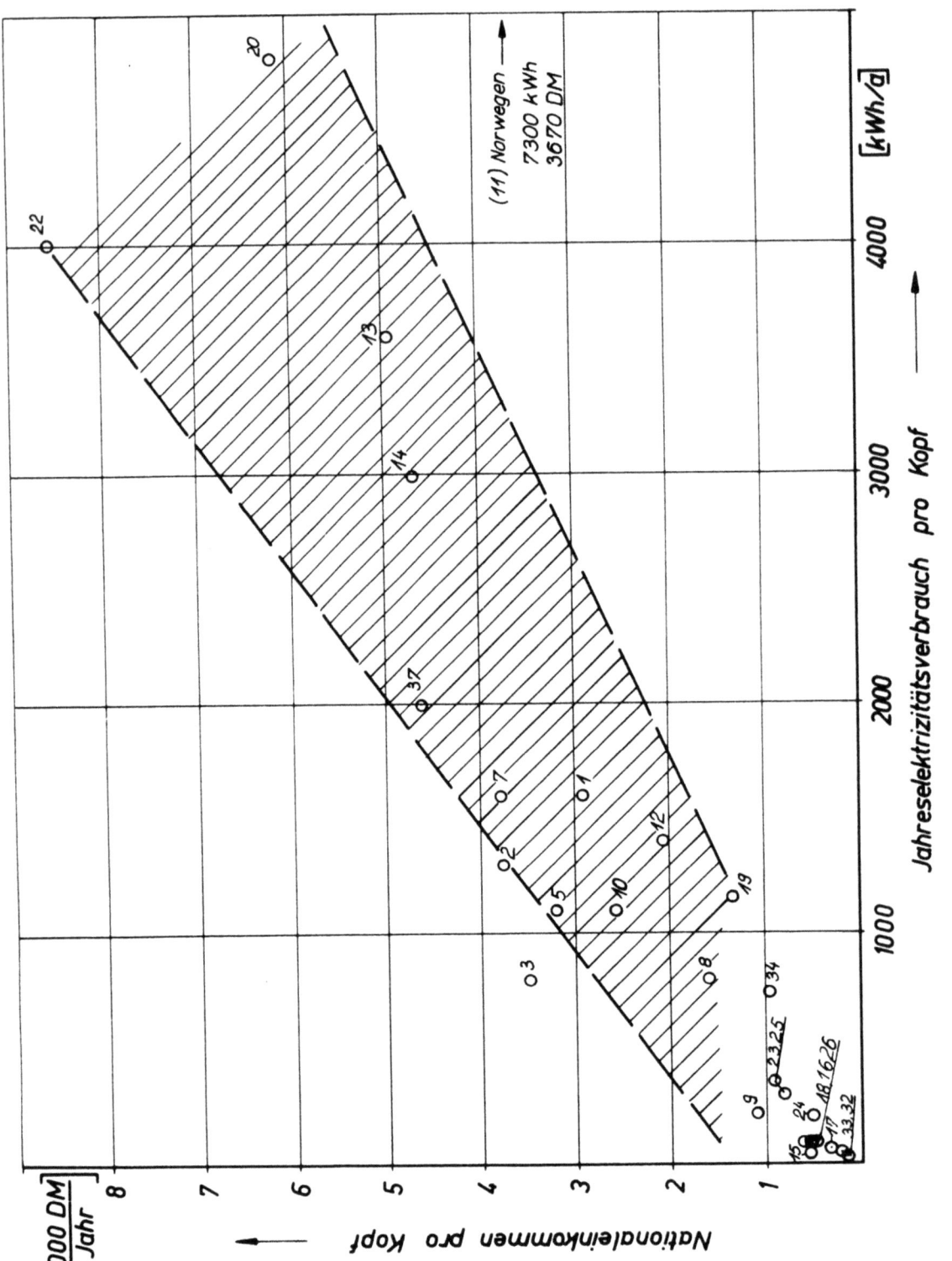

Abbildung 2

Nationaleinkommen als Funktion des Elektrizitätsverbrauchs
(beides pro Kopf der Bevölkerung und für 1956)

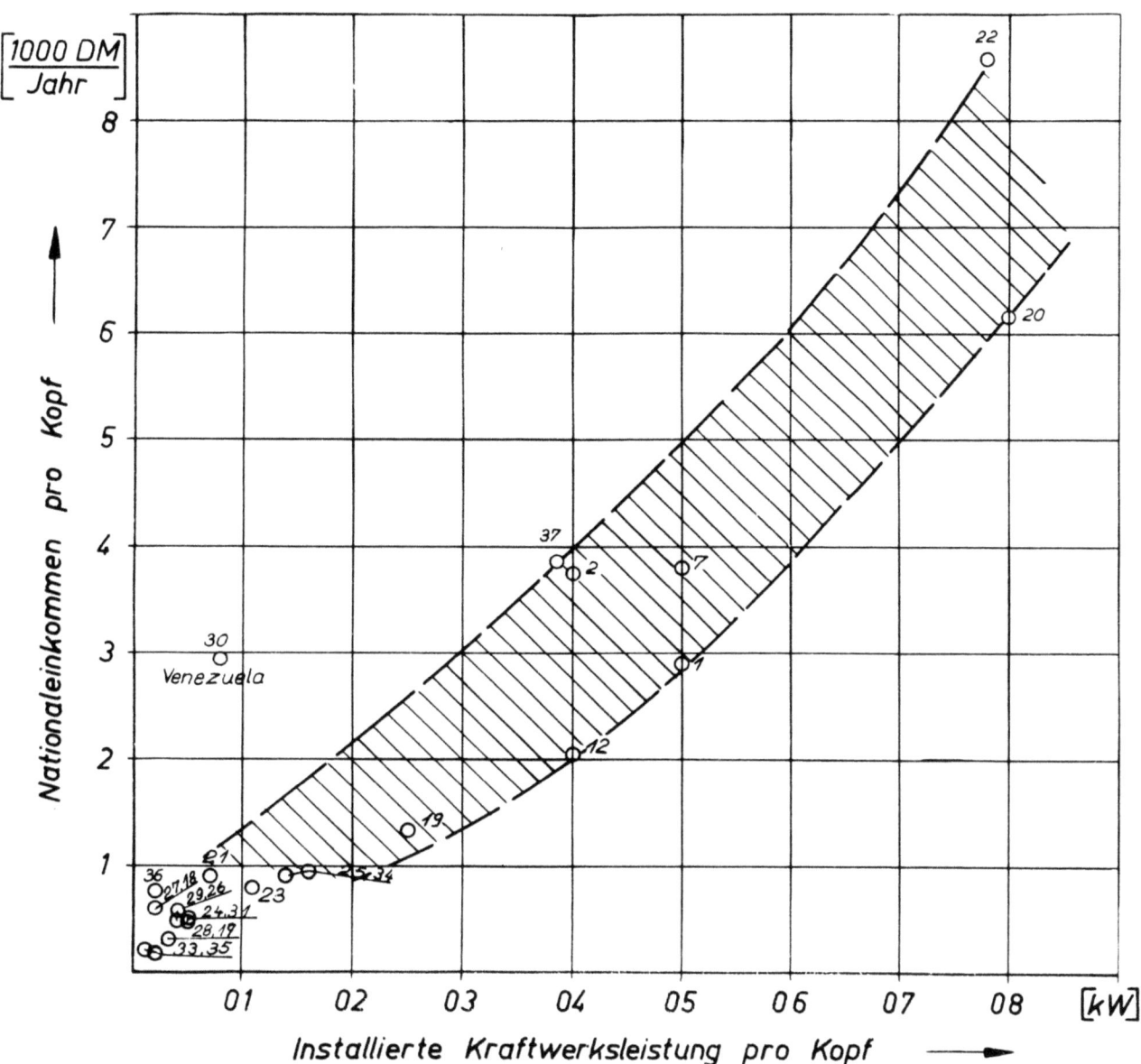

Abbildung 3

Nationaleinkommen als Funktion der install. Kraftwerksleistung
(beides pro Kopf und für 1956)

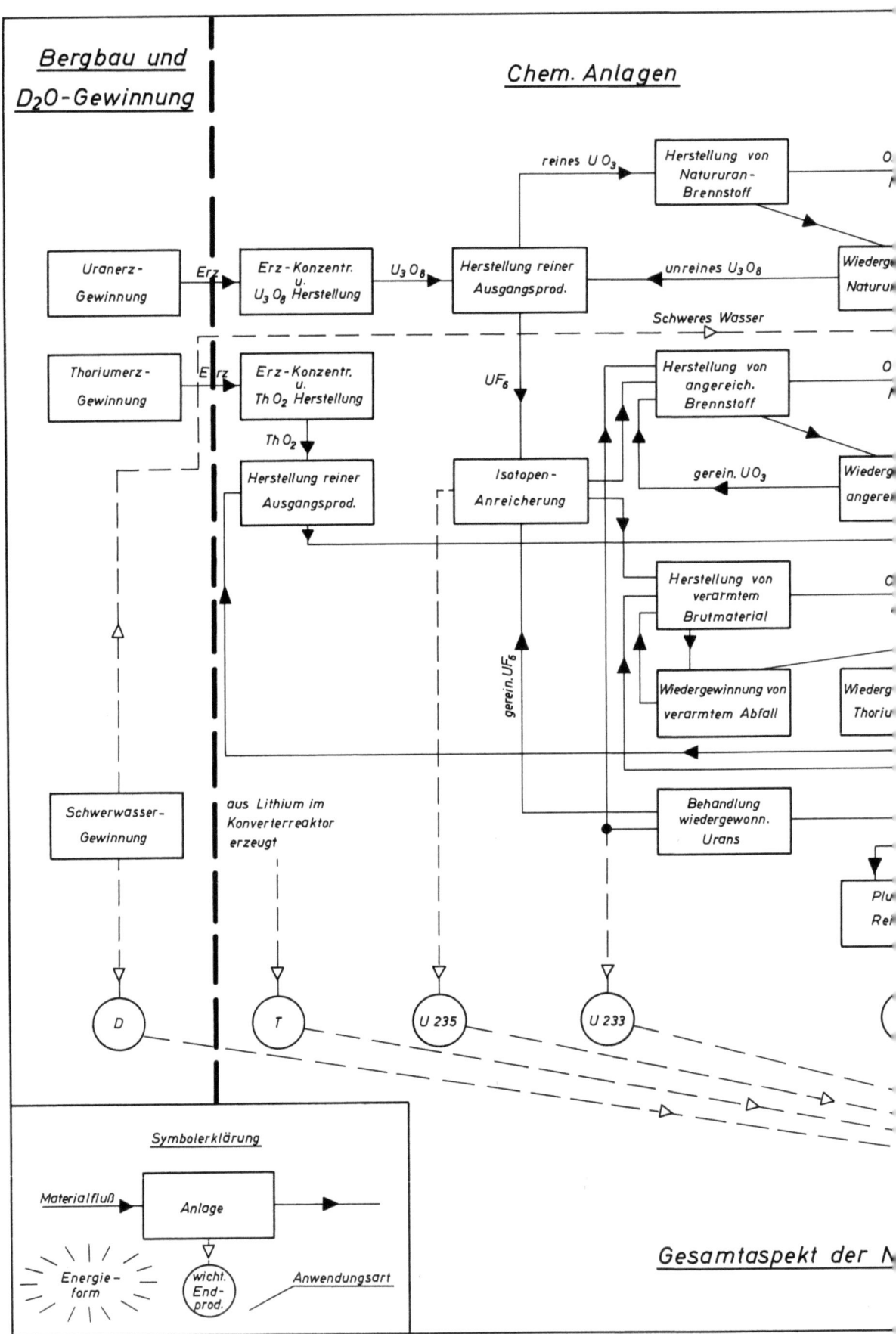

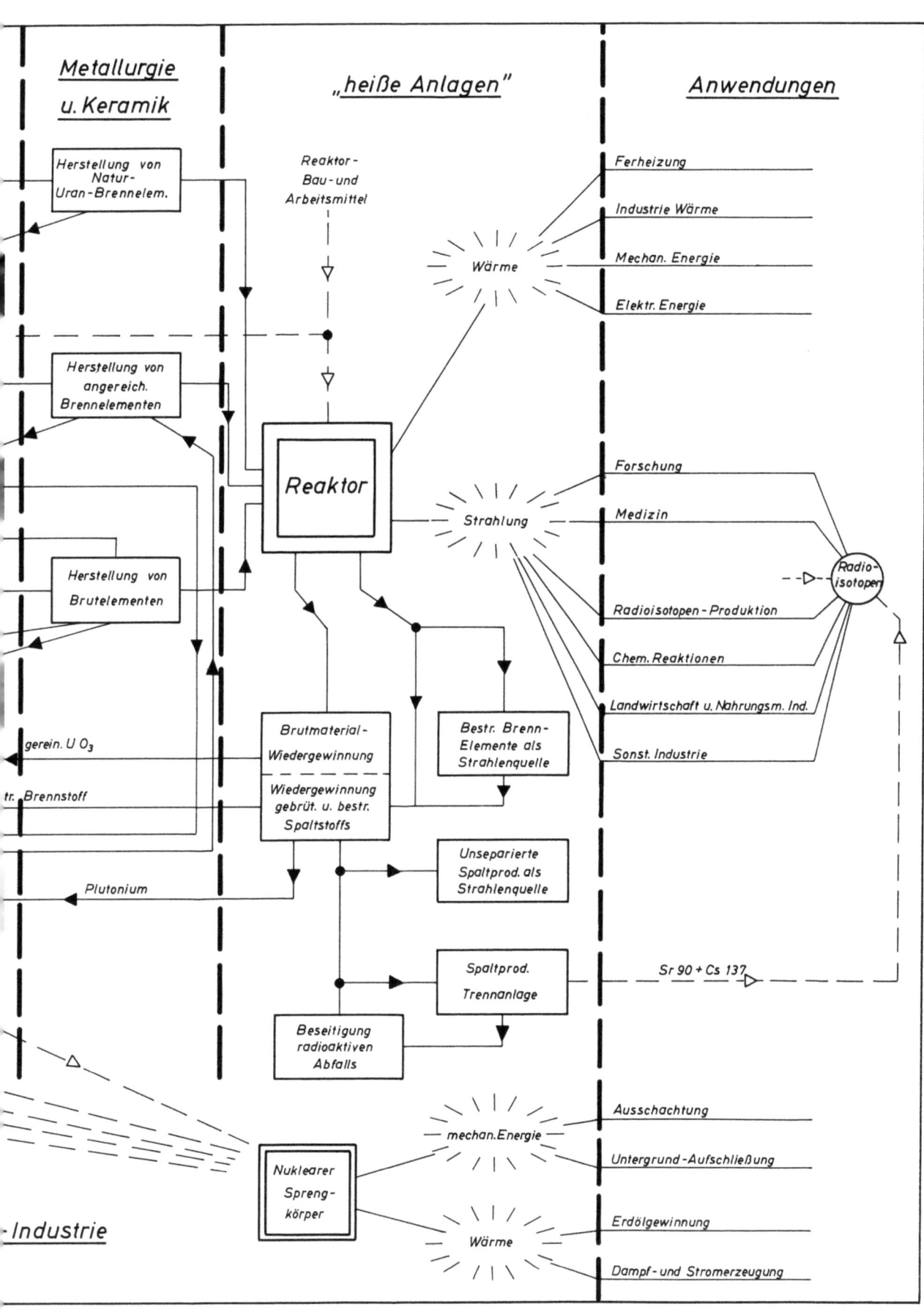

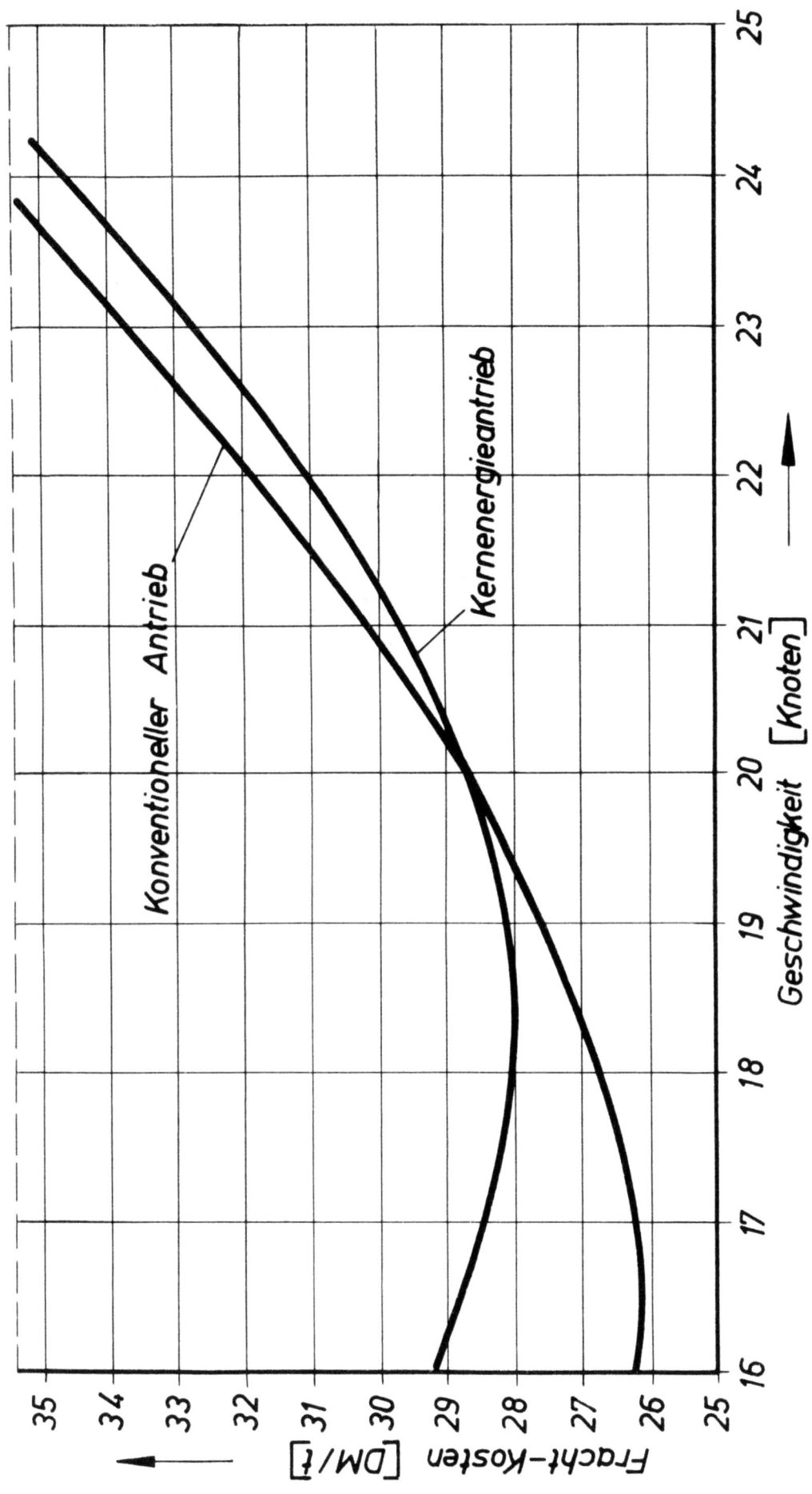

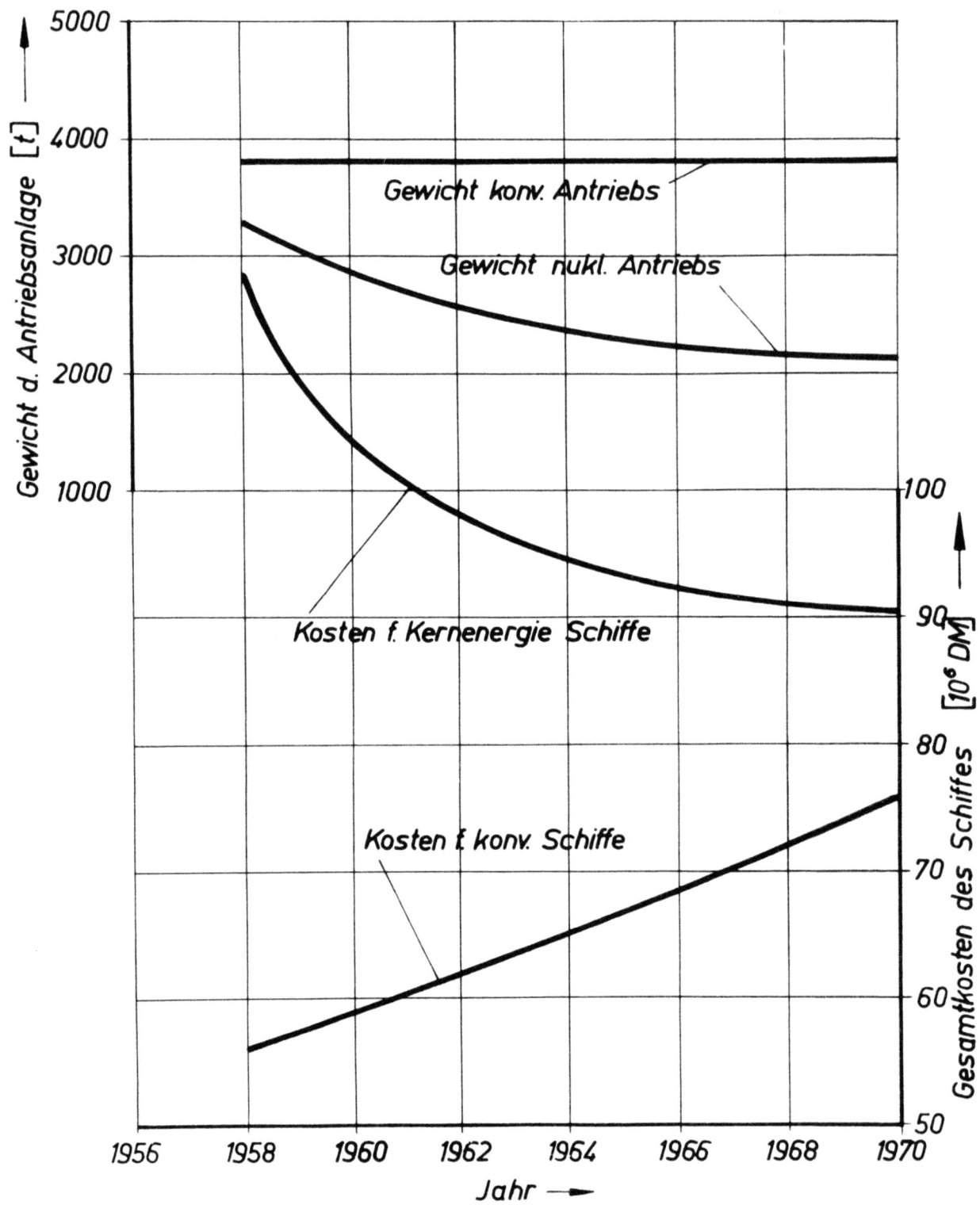

Abbildung 6

Entwicklung der Kapitalkosten und Gewichte bei konventionellen und kernenergetischen Schiffsantrieben

Bezogen auf: 40 000 t-Tanker mit 20 000 PS; 19 000 km Aktionsradius

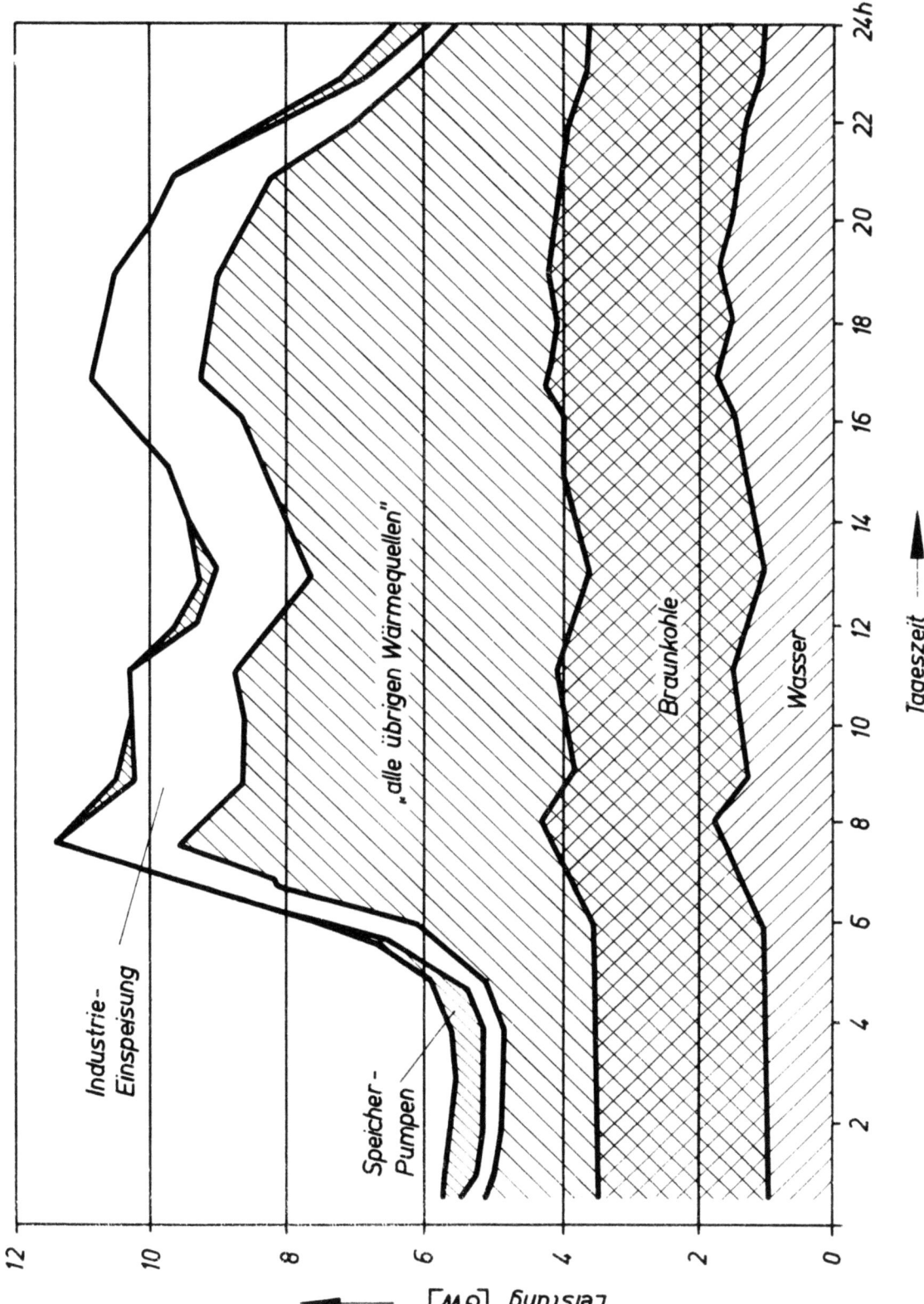

Abbildung 7

Erzeugung und Belastung am westdeutschen öffentlichen Netz (Winterwerktag 1956)

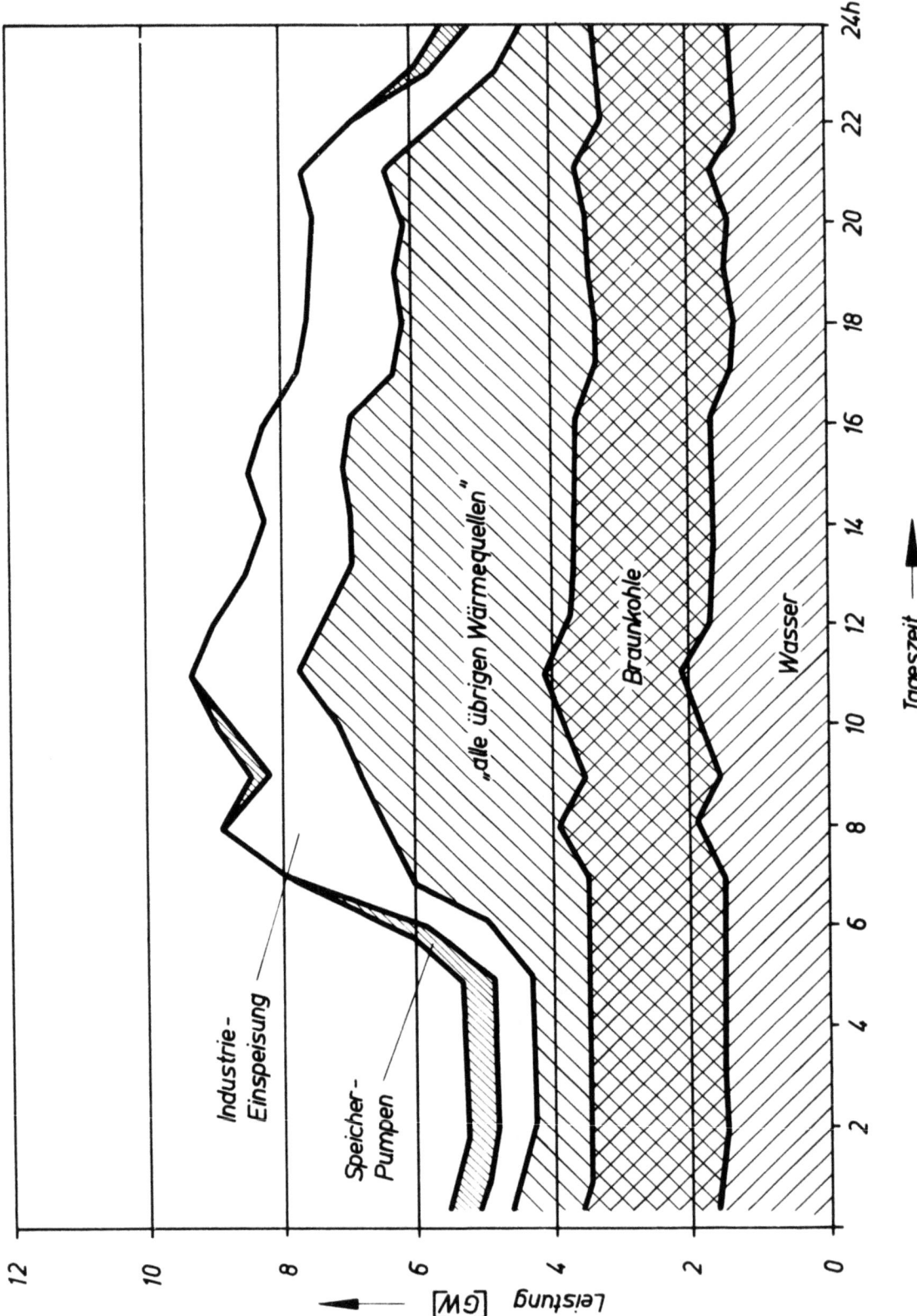

Abbildung 8

Erzeugung und Belastung am westdeutschen öffentlichen Netz (Sommerwerktag 1956)

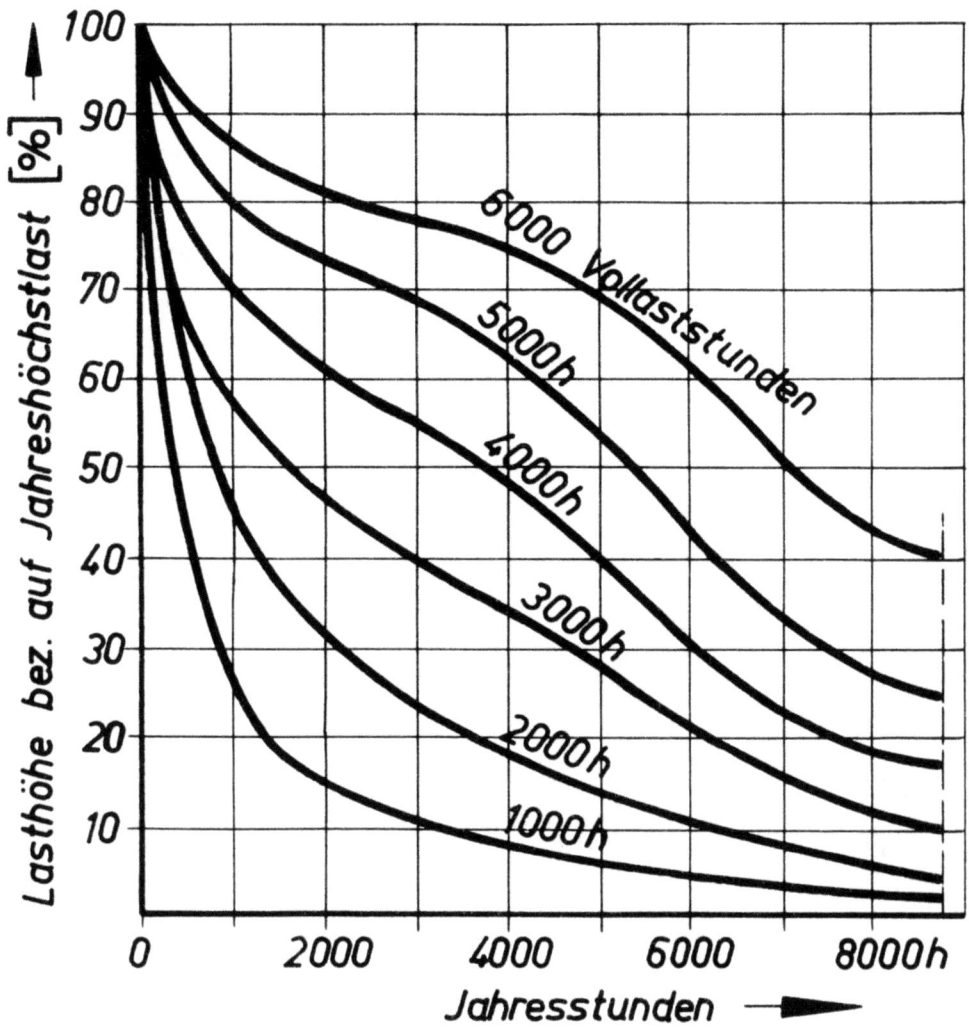

Abbildung 9

Geordnete Jahresbelastungskurven bezogen auf Höchstlast

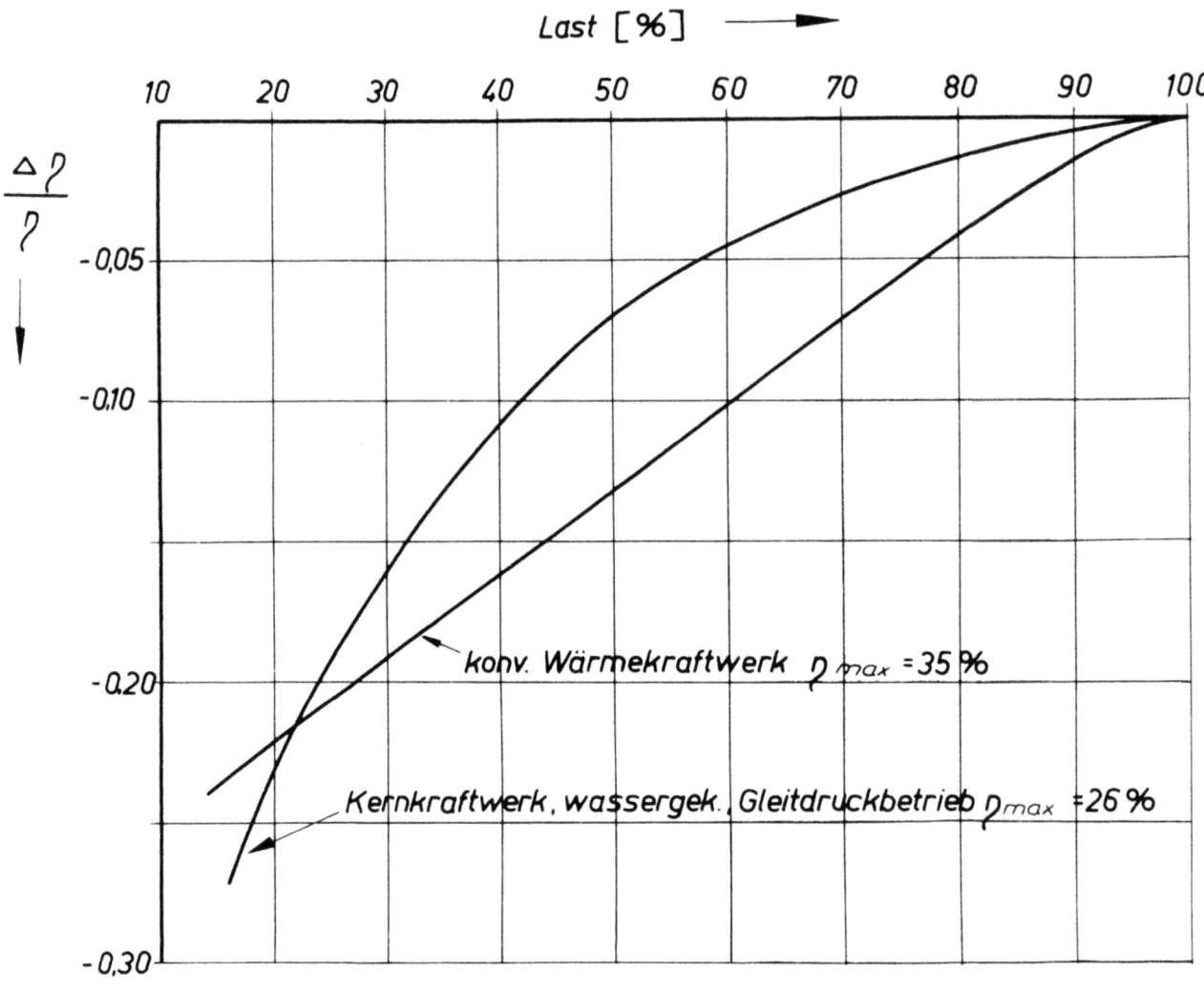

Abbildung 10

Rel. Wirkungsgradverschlechterung als Funktion der Lasthöhe bei Kernkraftwerken und konv. Wärmekraftwerken

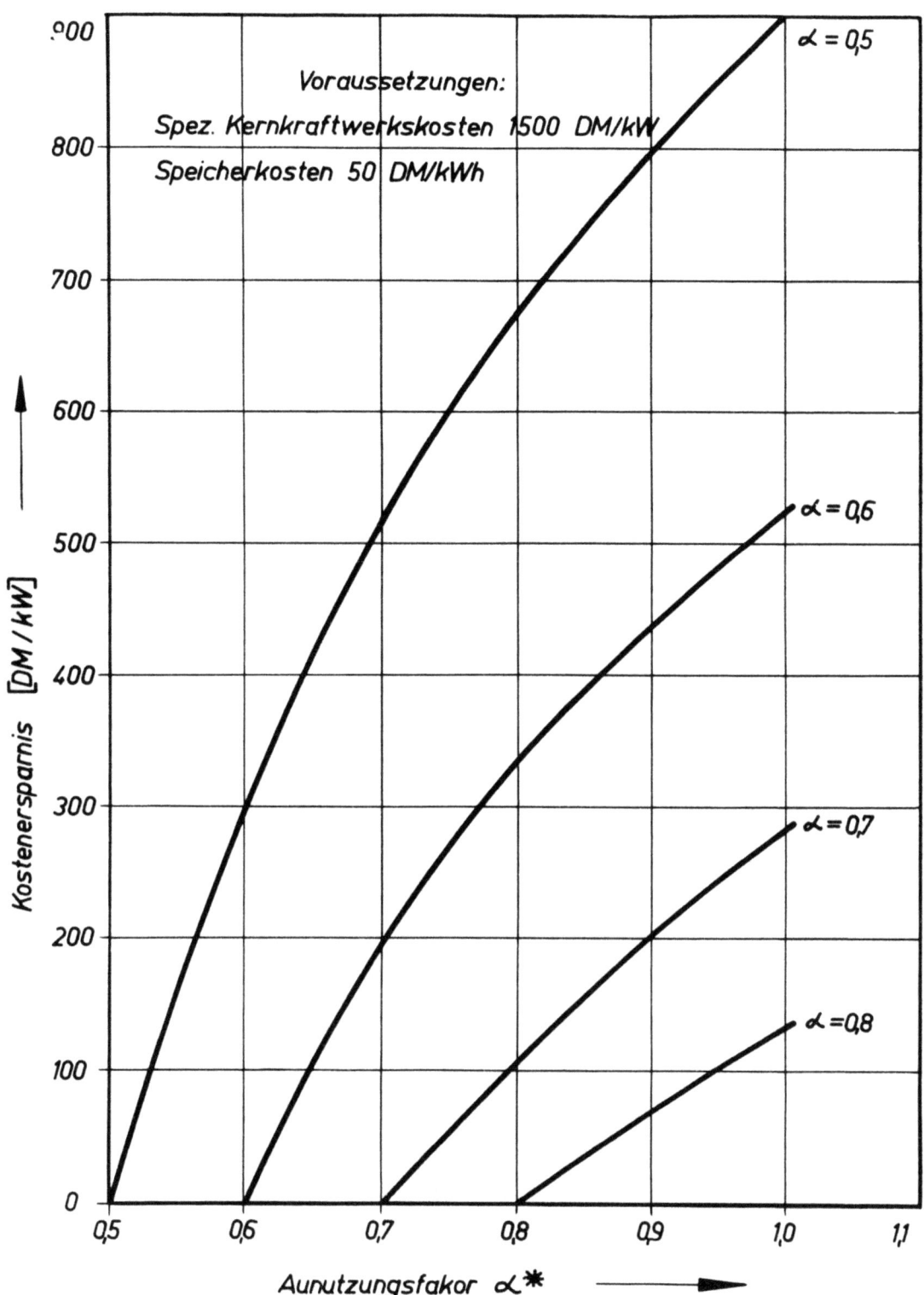

Abbildung 11

Kostenersparnis durch Einsatz von Wärme-Speichern

α = Ausnutzungsfaktor ohne Speicherung

α^* = Ausnutzungsfaktor mit Speicherung

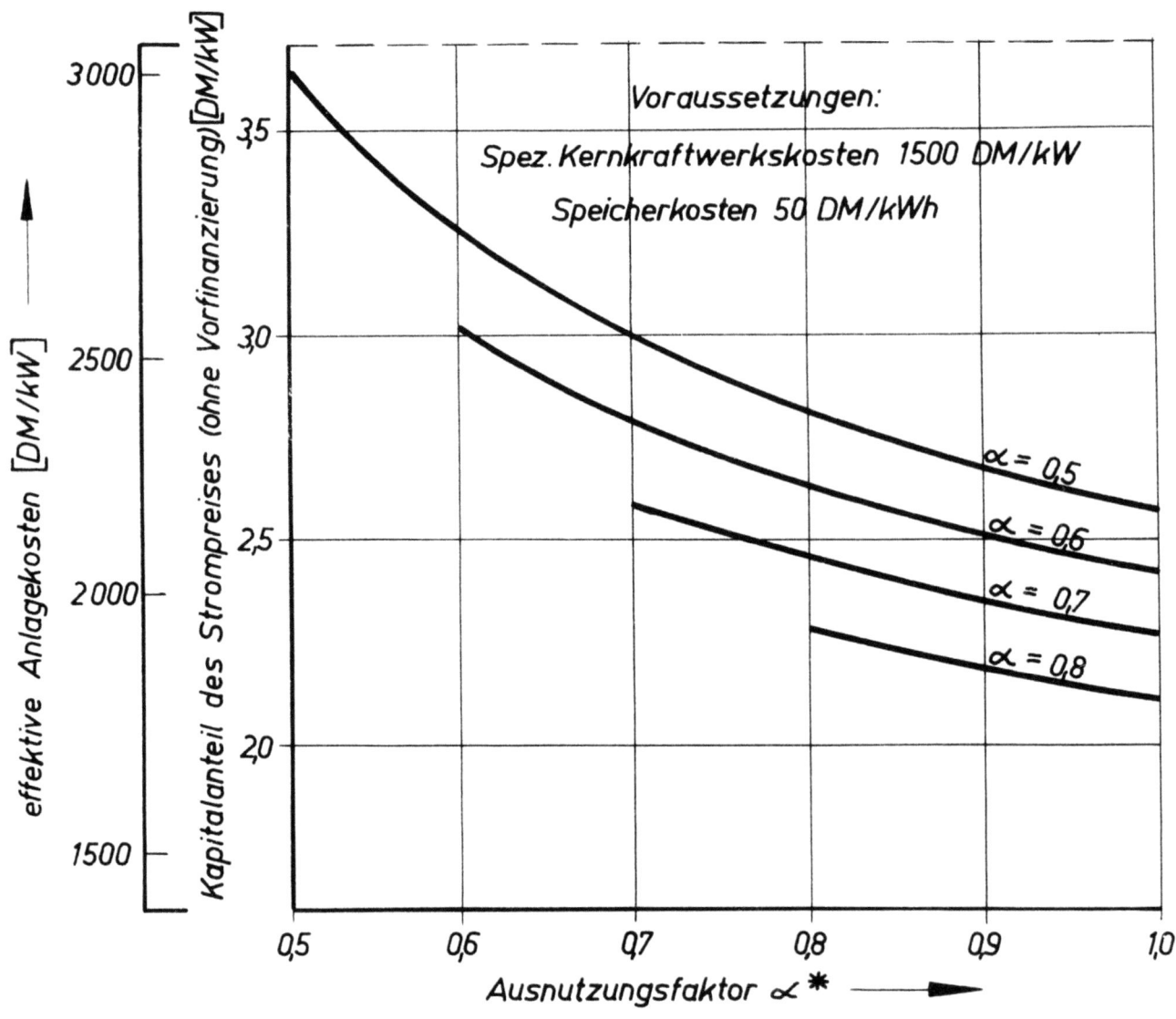

Abbildung 12

Effektive Anlagekosten und Kapitalanteil des Strompreises
bei Verwendung von Wärmespeichern

α = Ausnutzungsfaktor ohne Speicherung

α^* = Ausnutzungsfaktor mit Speicherung

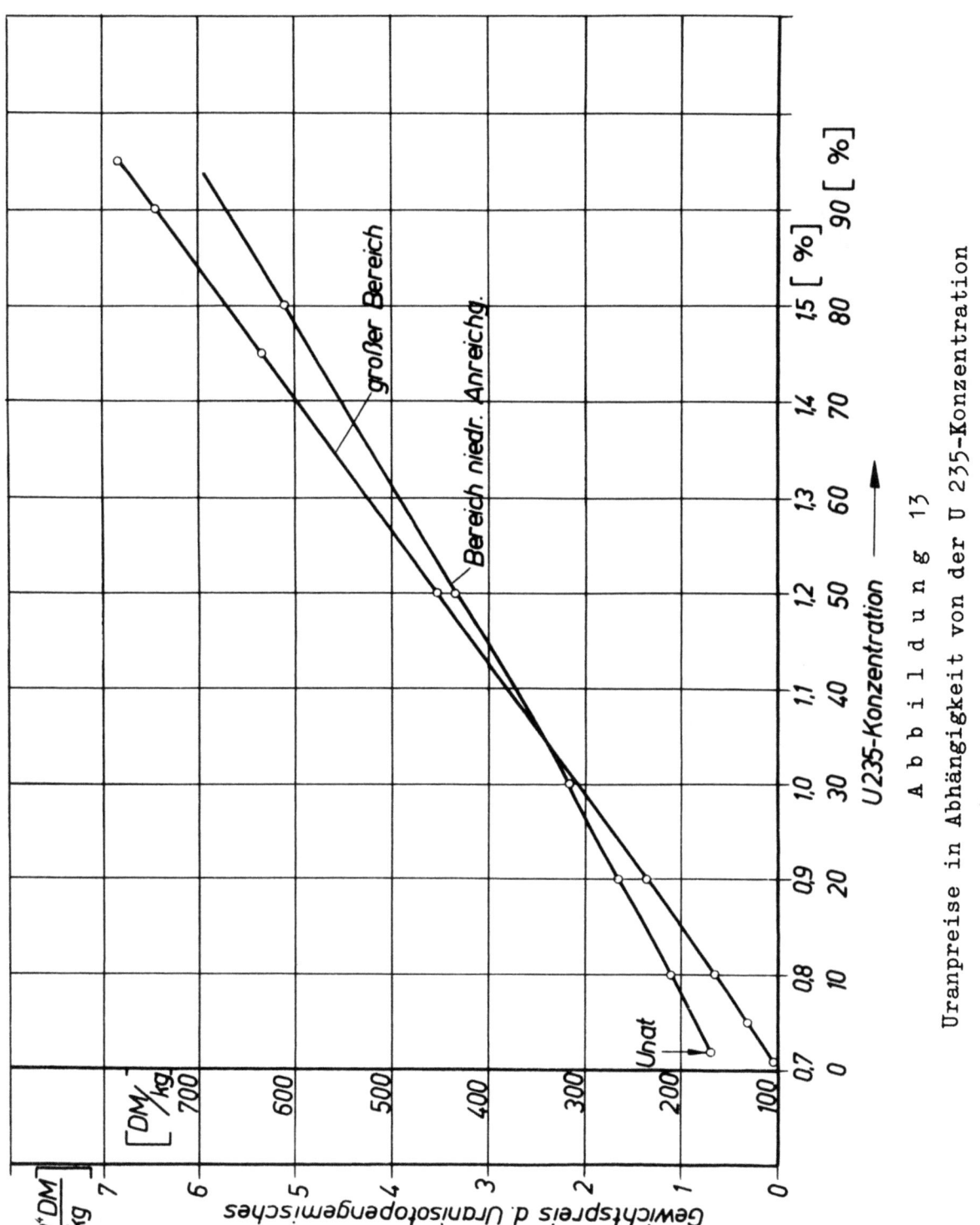

Abbildung 13

Uranpreise in Abhängigkeit von der U 235-Konzentration
(nach USAEC Okt. 1956)

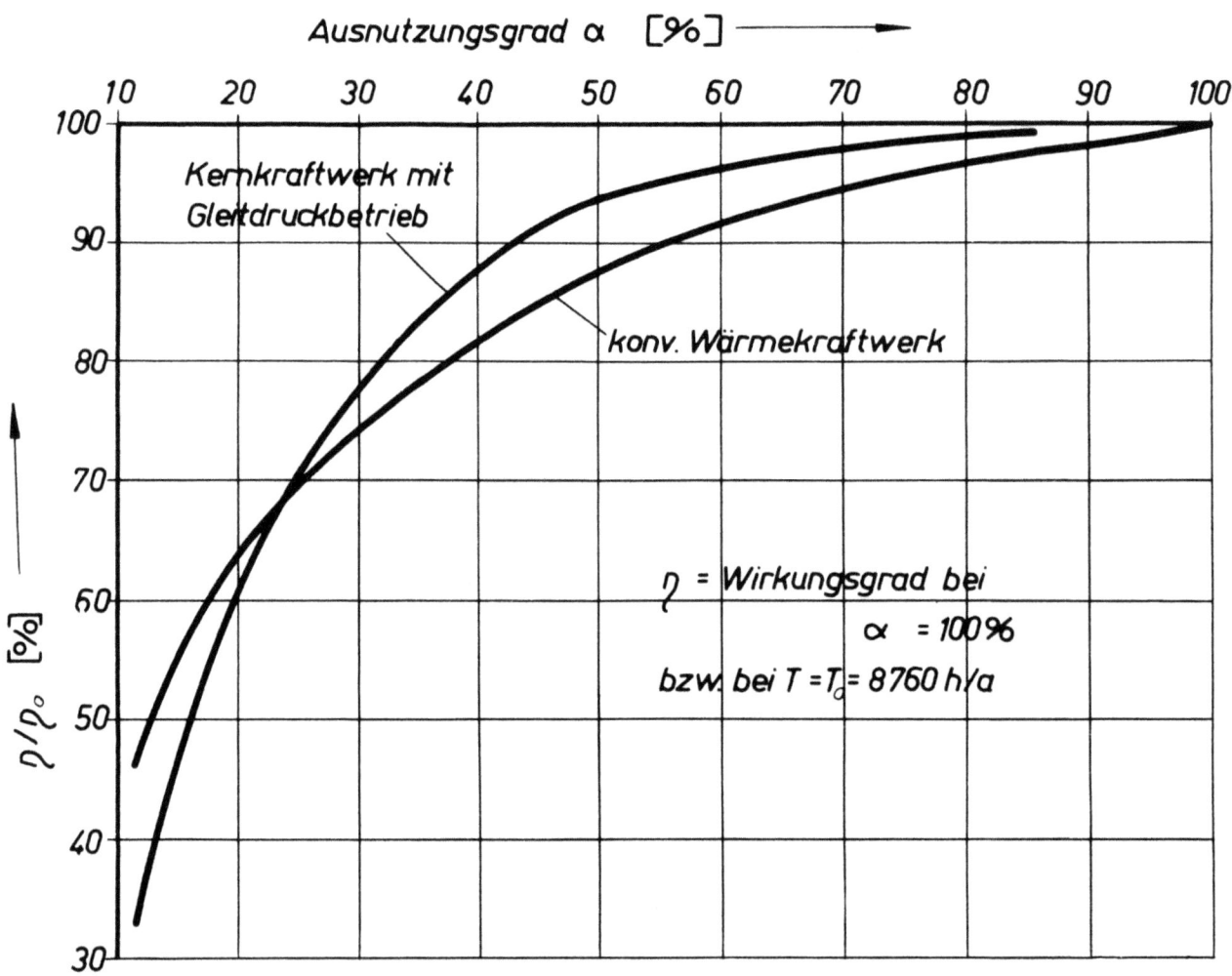

Abbildung 14
Der mittlere Wirkungsgrad eines Kraftwerks
in Abhängigkeit vom Ausnutzungsgrad α

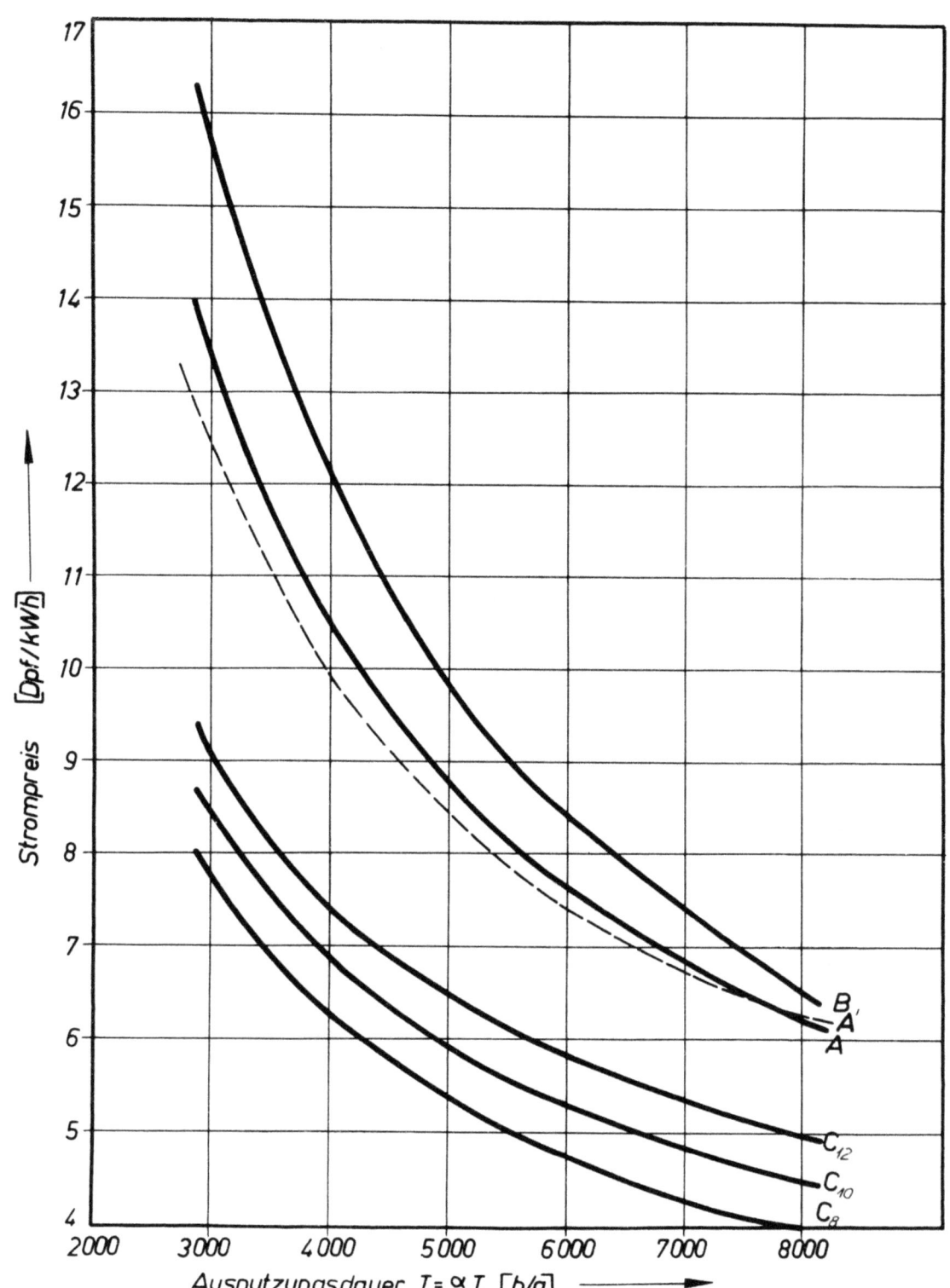

A b b i l d u n g 15

Strompreis als Funktion der Ausnutzungsdauer $T = \alpha T_o$
bei 50 MW Nettoleistung, 16 % Kapitaldienst, 8 % Zinssatz;
Inbetriebnahme 1963

A = am. Siedewasserreaktoranlage; B = brit. Anlage v. verbess. CH-Typ;
C_P = konv. Wärmekraftwerke mit Wärmepreis P [DM/10^6 kcal]; A' = am. organ.-mod. Reaktoranlage

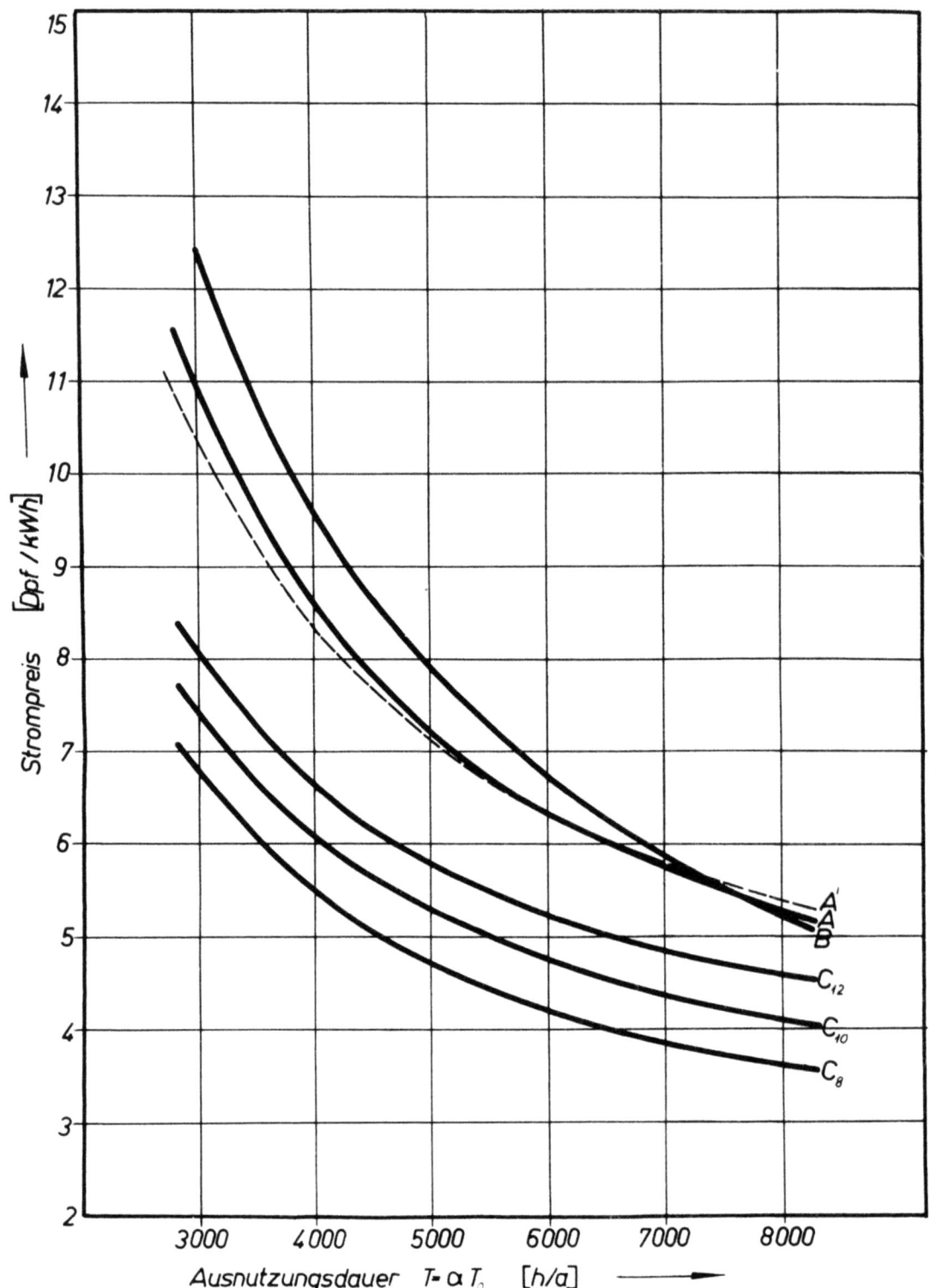

A b b i l d u n g 16

Strompreis als Funktion der Ausnutzungsdauer $T = \alpha T_o$
bei 100 MW Nettoleistung, 16 % Kapitaldienst, 8 % Zinssatz;
Inbetriebnahme 1963

A = am. Siedewasserreaktoranlage; A' = am. organ.-mod. Reaktoranlage;
B = brit. Anlage v. verbess. CH-Typ; C_p = konv. Wärmekraftwerke mit
Wärmepreis P $[DM/10^6 \text{ kcal}]$

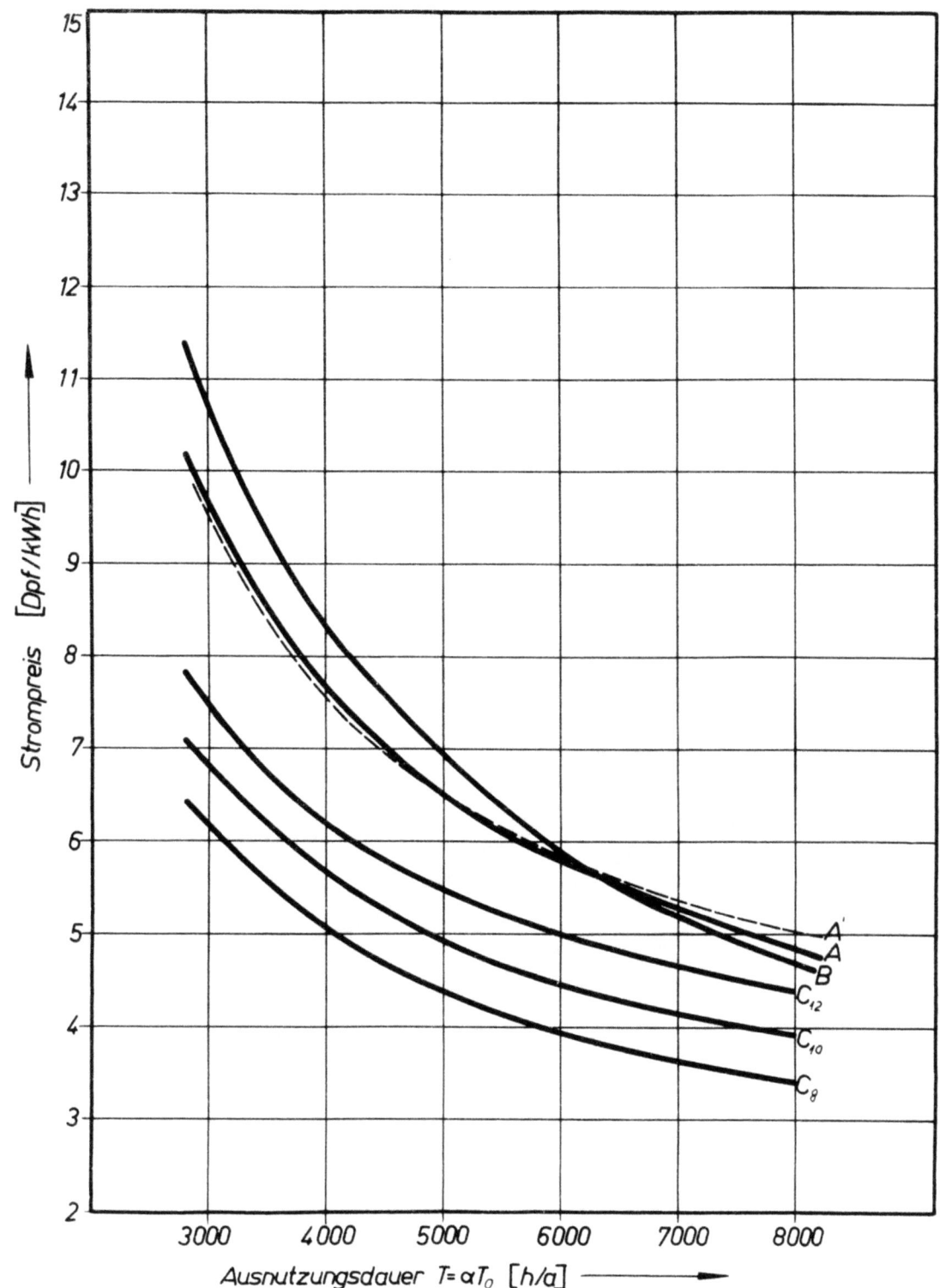

Abbildung 17

Strompreis als Funktion der Ausnutzungsdauer $T = \alpha T_o$
bei 150 MW Nettoleistung, 16 % Kapitaldienst, 8 % Zinssatz;
Inbetriebnahme 1963

A = am. Siedewasserreaktoranlage; A' = am. organ.-mod. Reaktoranlage;
B = brit. Anlage v. verbess. CH-Typ; C_p = konv. Wärmekraftwerke mit
Wärmepreis P [DM/10^6 kcal]

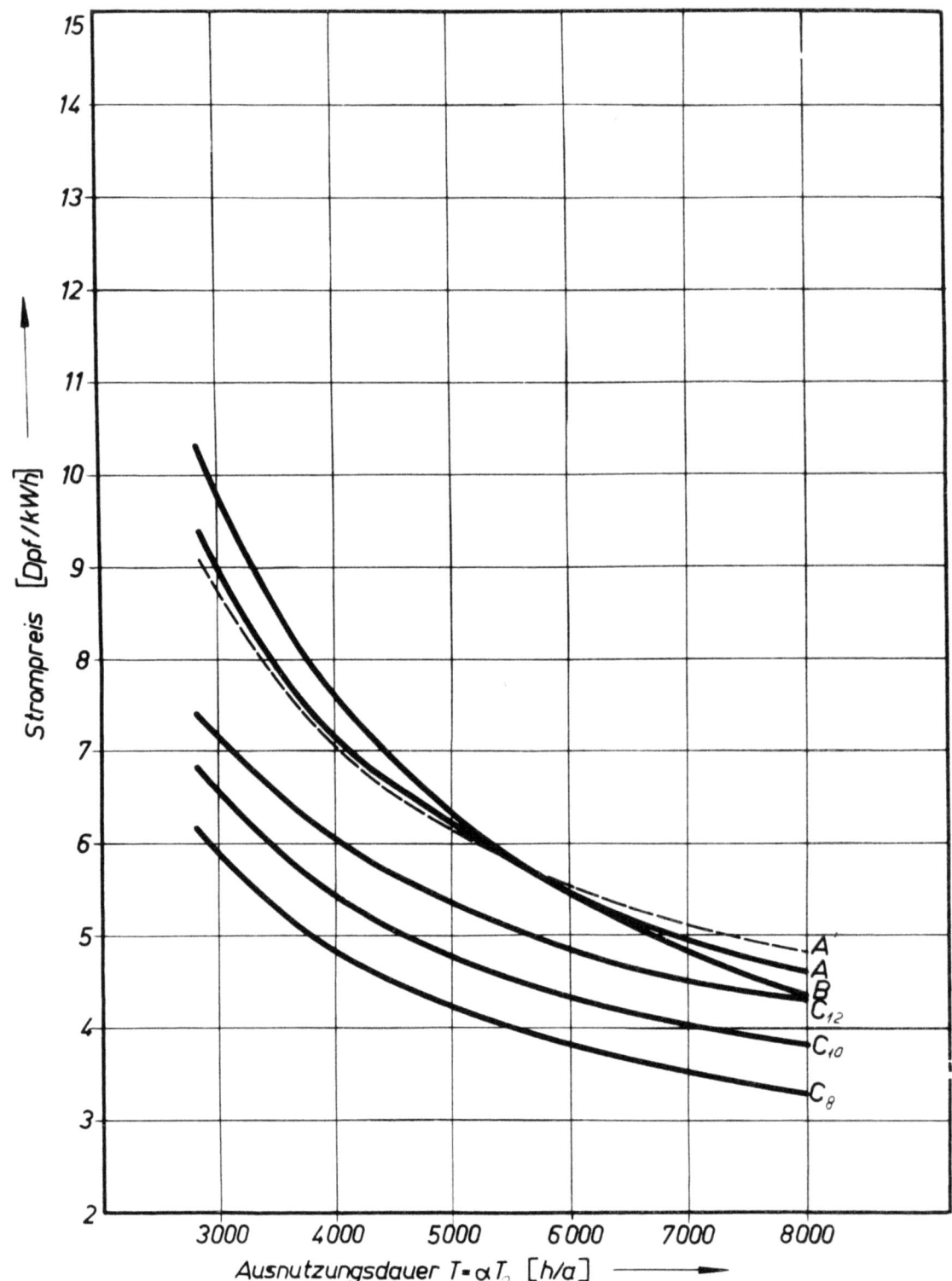

Abbildung 18

Strompreis als Funktion der Ausnutzungsdauer $T = \alpha T_o$
bei 200 MW Nettoleistung, 16 % Kapitaldienst, 8 % Zinssatz;
Inbetriebnahme 1963

A = am. Siedewasserreaktoranlage; A' = am. organ.-mod. Reaktoranlage;
B = brit. Anlage v. verbess. CH-Typ; C_p = konv. Wärmekraftwerke mit
Wärmepreis P $[DM/10^6 \text{ kcal}]$

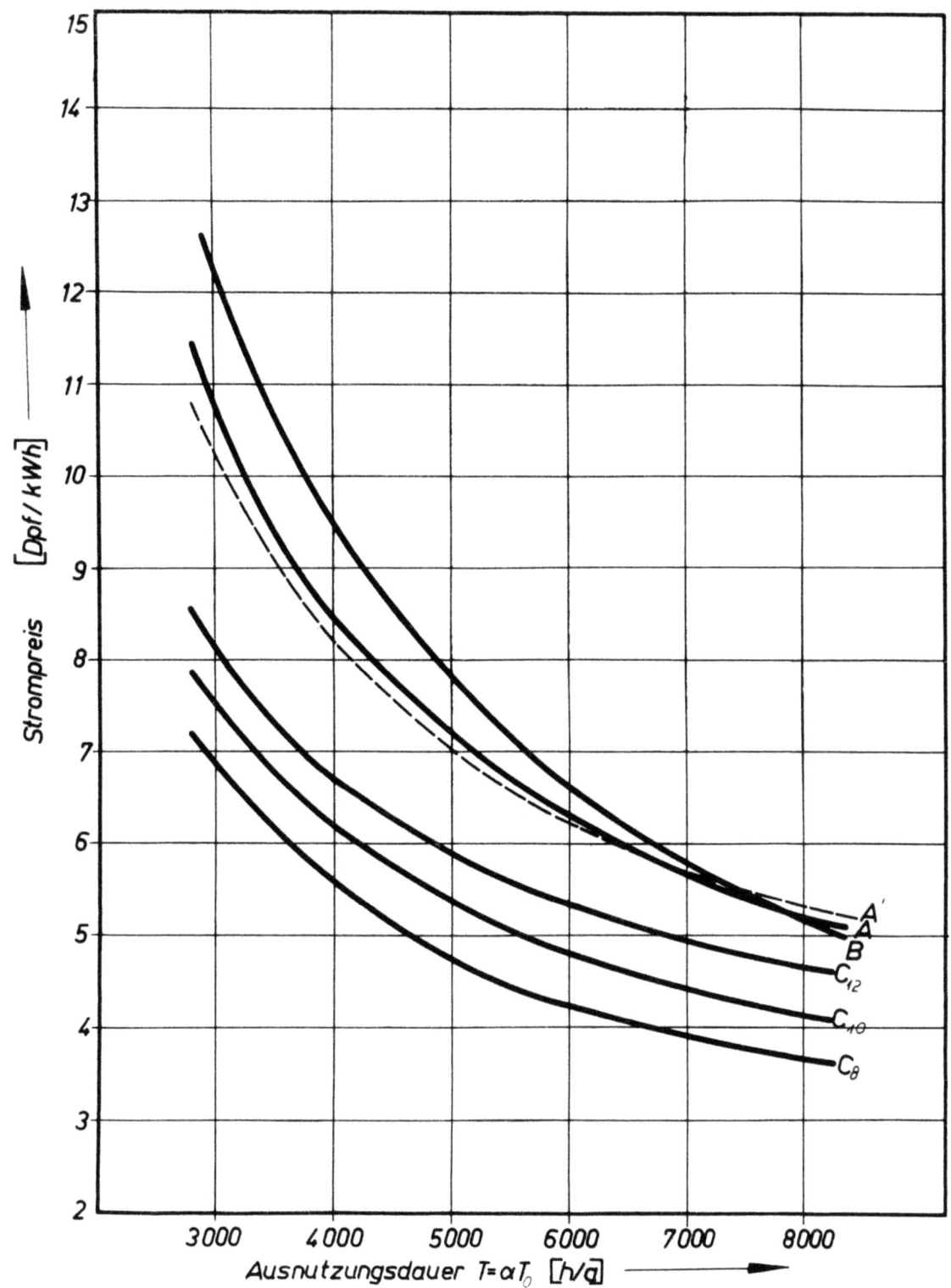

Abbildung 19

Strompreis als Funktion der Ausnutzungsdauer $T = \alpha T_o$
bei 50 MW Nettoleistung, 12 % Kapitaldienst, 6 % Zinssatz;
Inbetriebnahme 1963

A = am. Siedewasserreaktoranlage; A' = am. organ.-mod. Reaktoranlage;
B = brit. Anlage v. verbess. CH-Typ; C_p = konv. Wärmekraftwerke mit
Wärmepreis P $[DM/10^6 \text{ kcal}]$

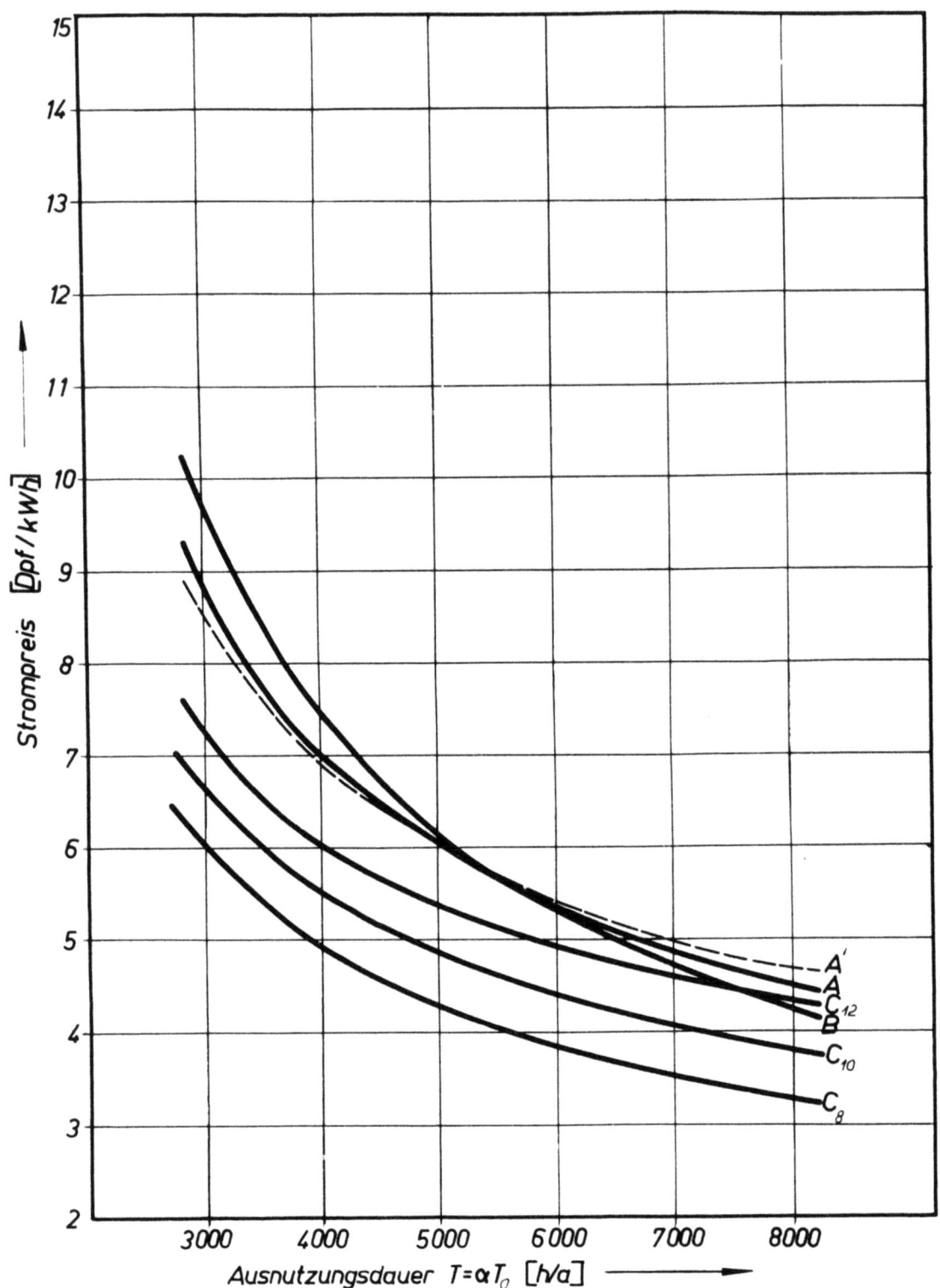

A b b i l d u n g 20

Strompreis als Funktion der Ausnutzungsdauer $T = \alpha T_o$
bei 100 MW Nettoleistung, 12 % Kapitaldienst, 6 % Zinssatz;
Inbetriebnahme 1963

A = am. Siedewasserreaktoranlage, A' = am. organ.-mod. Reaktoranlage;
B = brit. Anlage v. verbess. CH-Typ; C_P = konv. Wärmekraftwerke mit
Wärmepreis P $[DM/10^6 \text{ kcal}]$

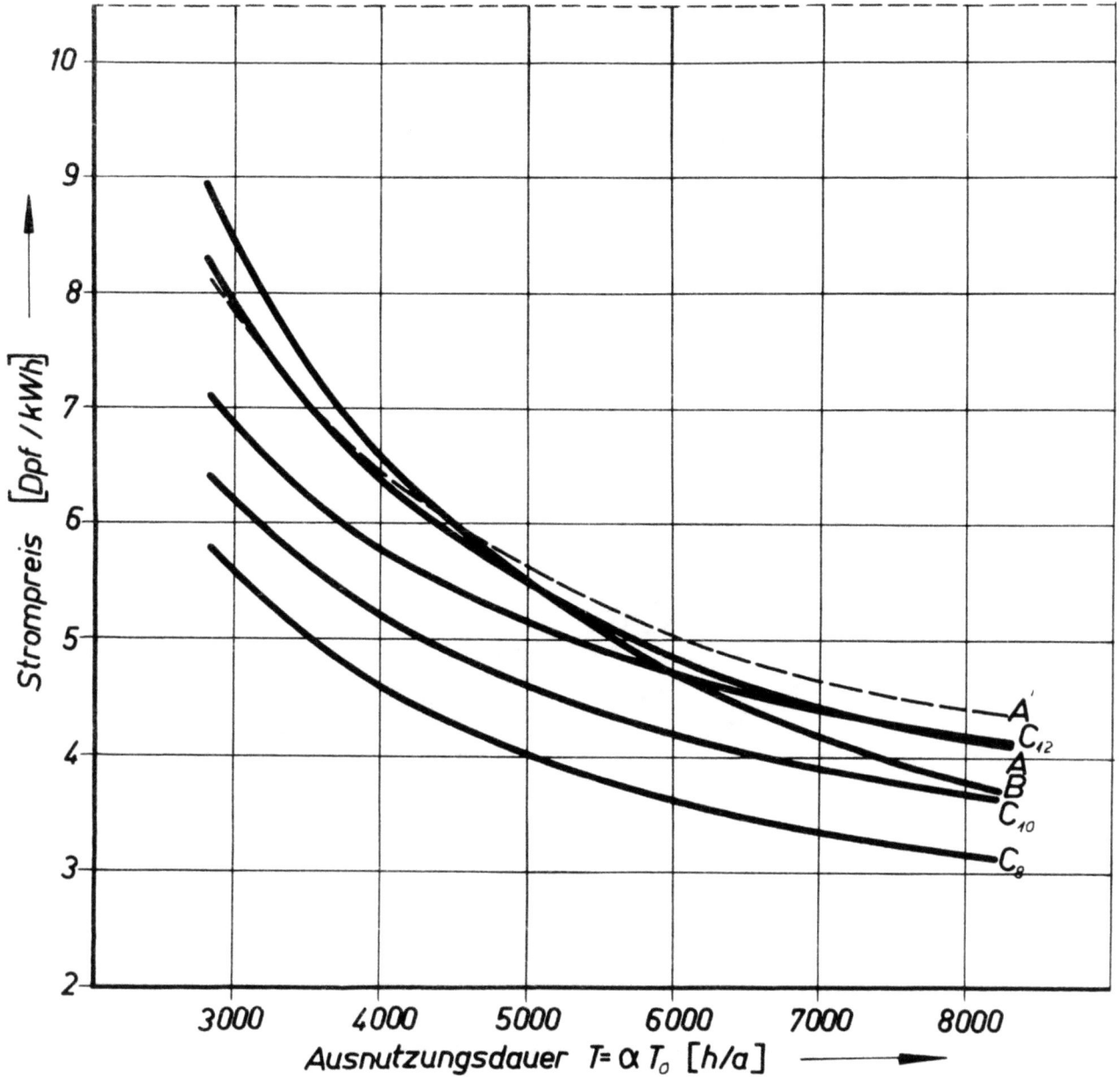

Abbildung 21

Strompreis als Funktion der Ausnutzungsdauer $T = \alpha T_o$
bei 150 MW Nettoleistung, 12 % Kapitaldienst, 6 % Zinssatz;
Inbetriebnahme 1963

A = am. Siedewasserreaktoranlage; A' = am. organ.-mod. Reaktoranlage;
B = brit. Anlage v. verbess. CH-Typ; C_P = konv. Wärmekraftwerke mit
Wärmepreis P $[DM/10^6 \text{ kcal}]$

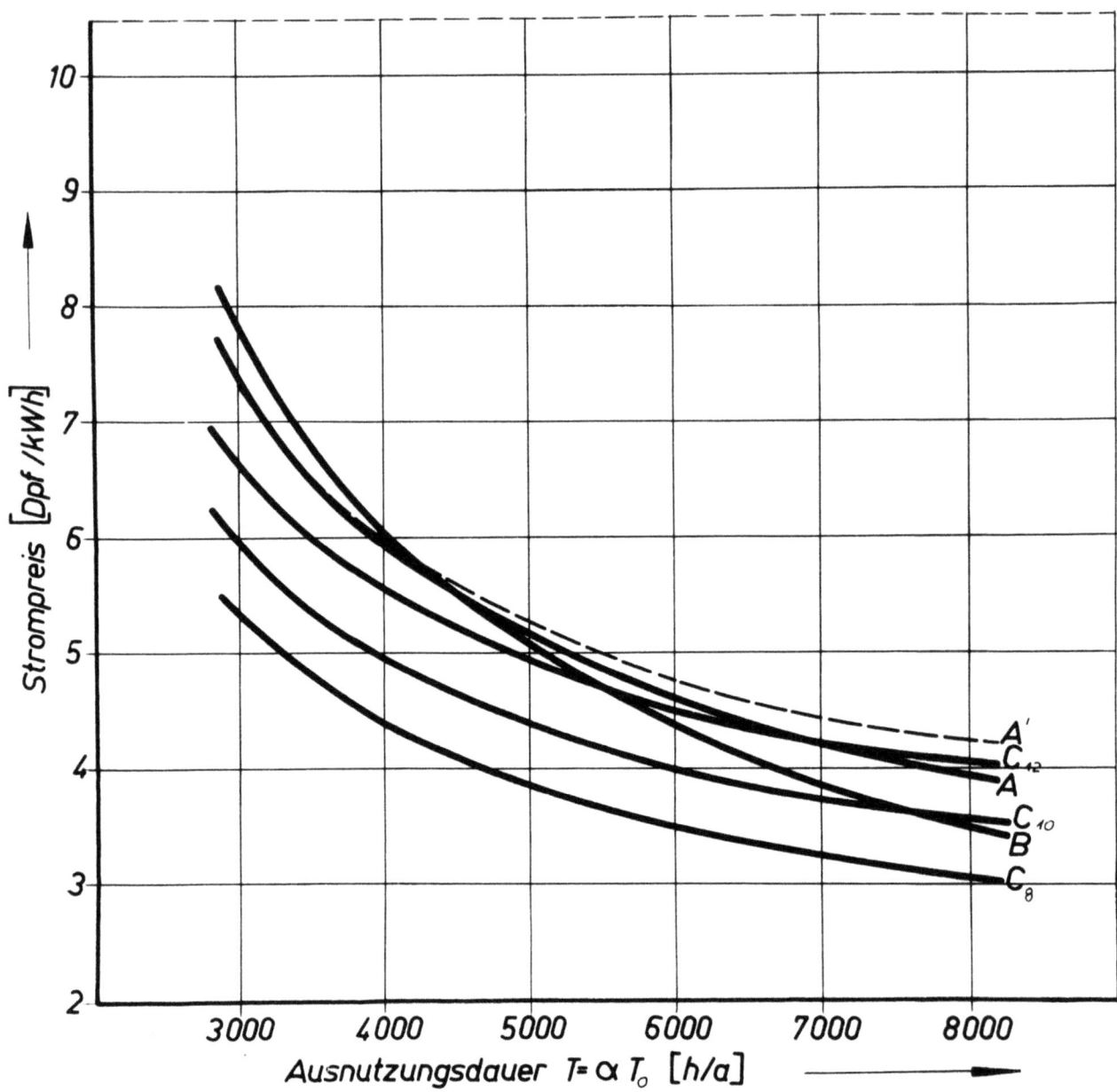

Abbildung 22

Strompreis als Funktion der Ausnutzungsdauer $T = \alpha T_o$
bei 200 MW Nettoleistung, 12 % Kapitaldienst, 6 % Zinssatz;
Inbetriebnahme 1963

A = am. Siedewasserreaktoranlage; A' = am. organ.-mod. Reaktoranlage;
B = brit. Anlage v. verbess. CH-Typ; C_P konv. Wärmekraftwerke mit
Wärmepreis P [$DM/10^6$ kcal]

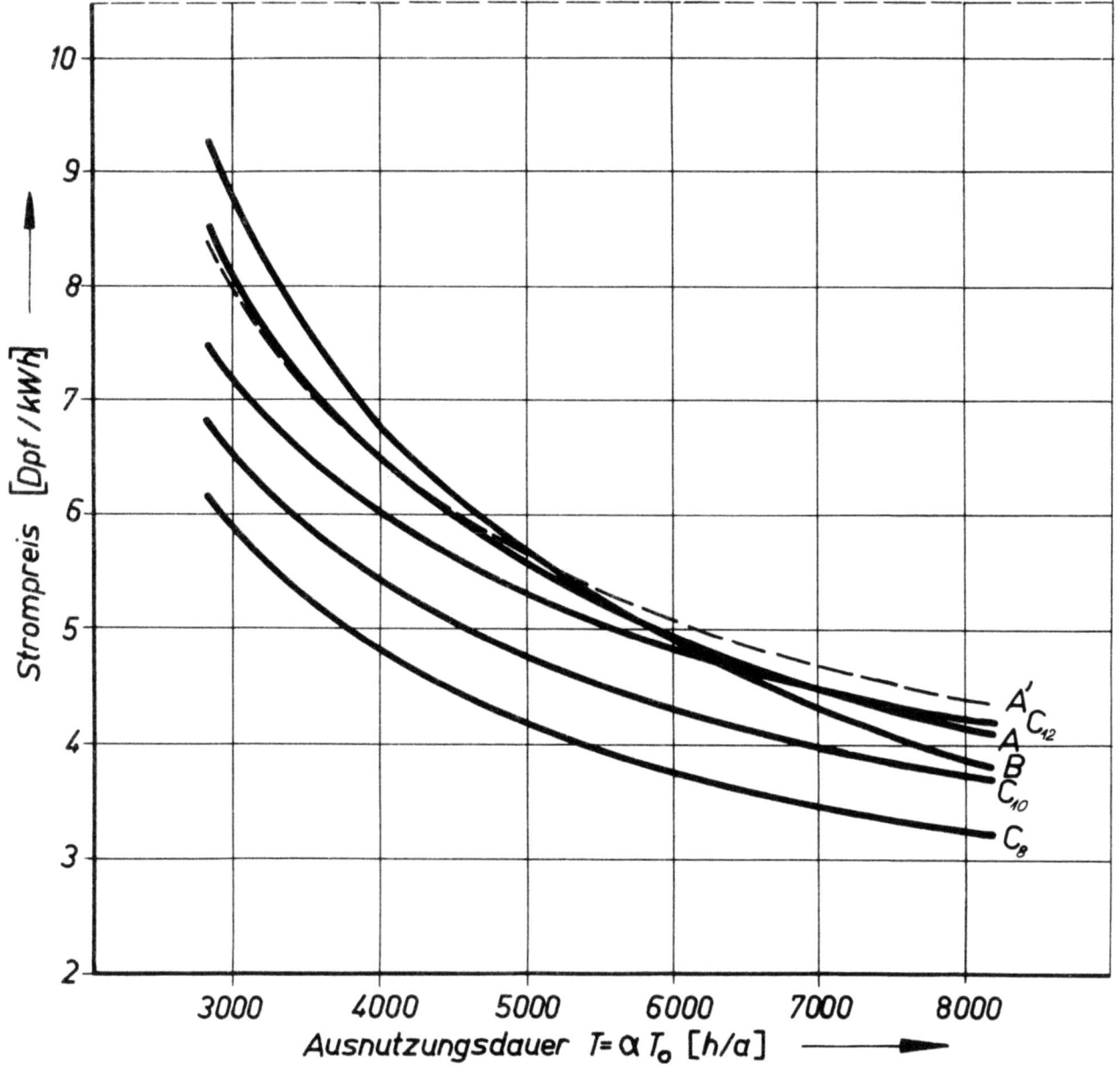

Abbildung 23

Strompreis als Funktion der Ausnutzungsdauer $T = \alpha T_o$
bei 50 MW Nettoleistung, 8 % Kapitaldienst, 4 % Zinssatz;
Inbetriebnahme 1963

A = am. Siedewasserreaktoranlage; A' = am. organ.-mod. Reaktoranlage;
B = brit. Anlage v. verbess. CH-Typ; C_p = konv. Wärmekraftwerke mit
Wärmepreis P $[DM/10^6 \text{ kcal}]$

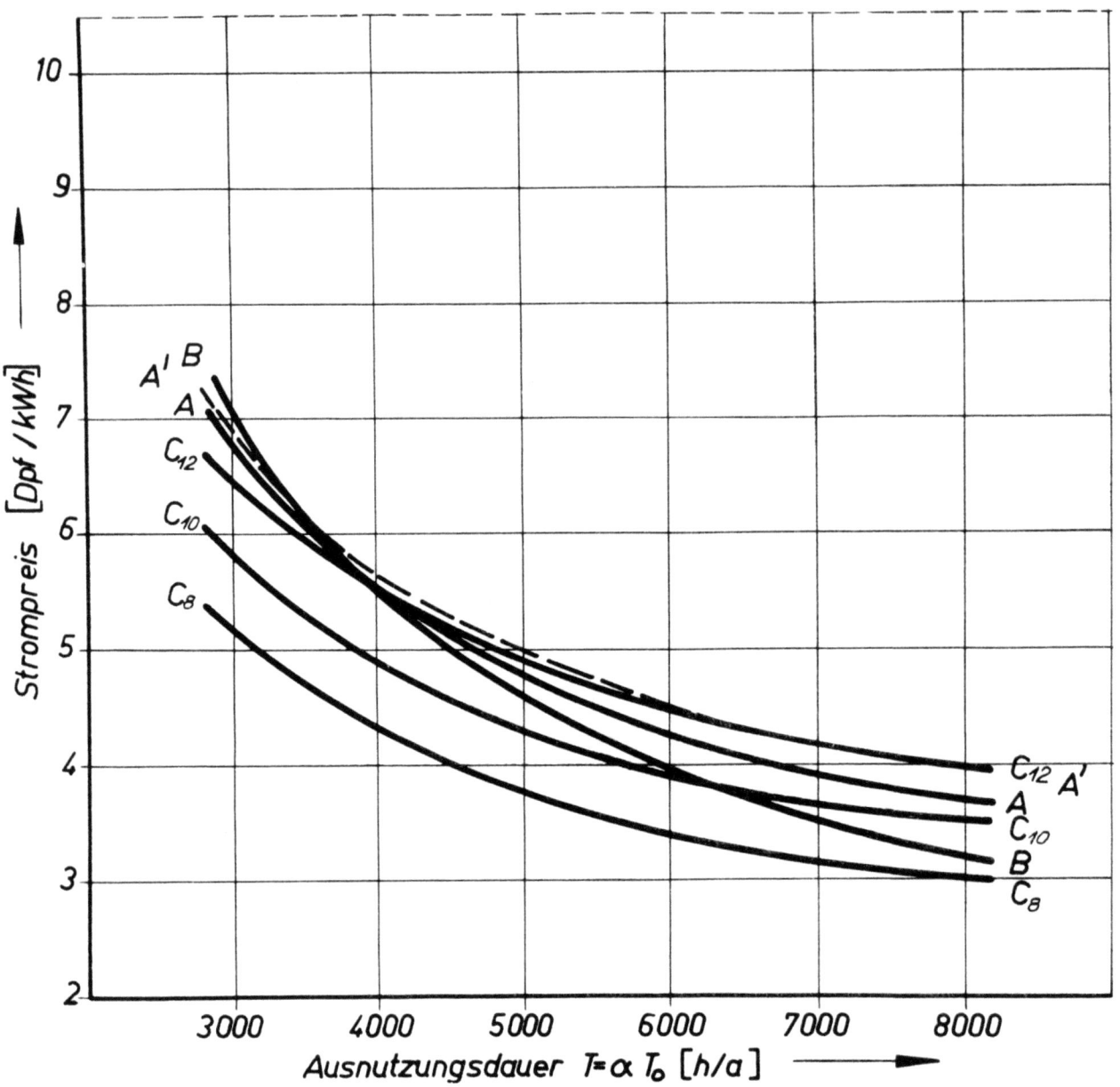

Abbildung 24

Strompreis als Funktion der Ausnutzungsdauer $T = \alpha T_o$
bei 100 MW Nettoleistung, 8 % Kapitaldienst, 4 % Zinssatz;
Inbetriebnahme 1963

A = am. Siedewasserreaktoranlage; A' = am. organ.-mod. Reaktoranlage;
B = brit. Anlage v. verbess. CH-Typ; C_P = konv. Wärmekraftwerke mit
Wärmepreis P $[DM/10^6$ kcal$]$

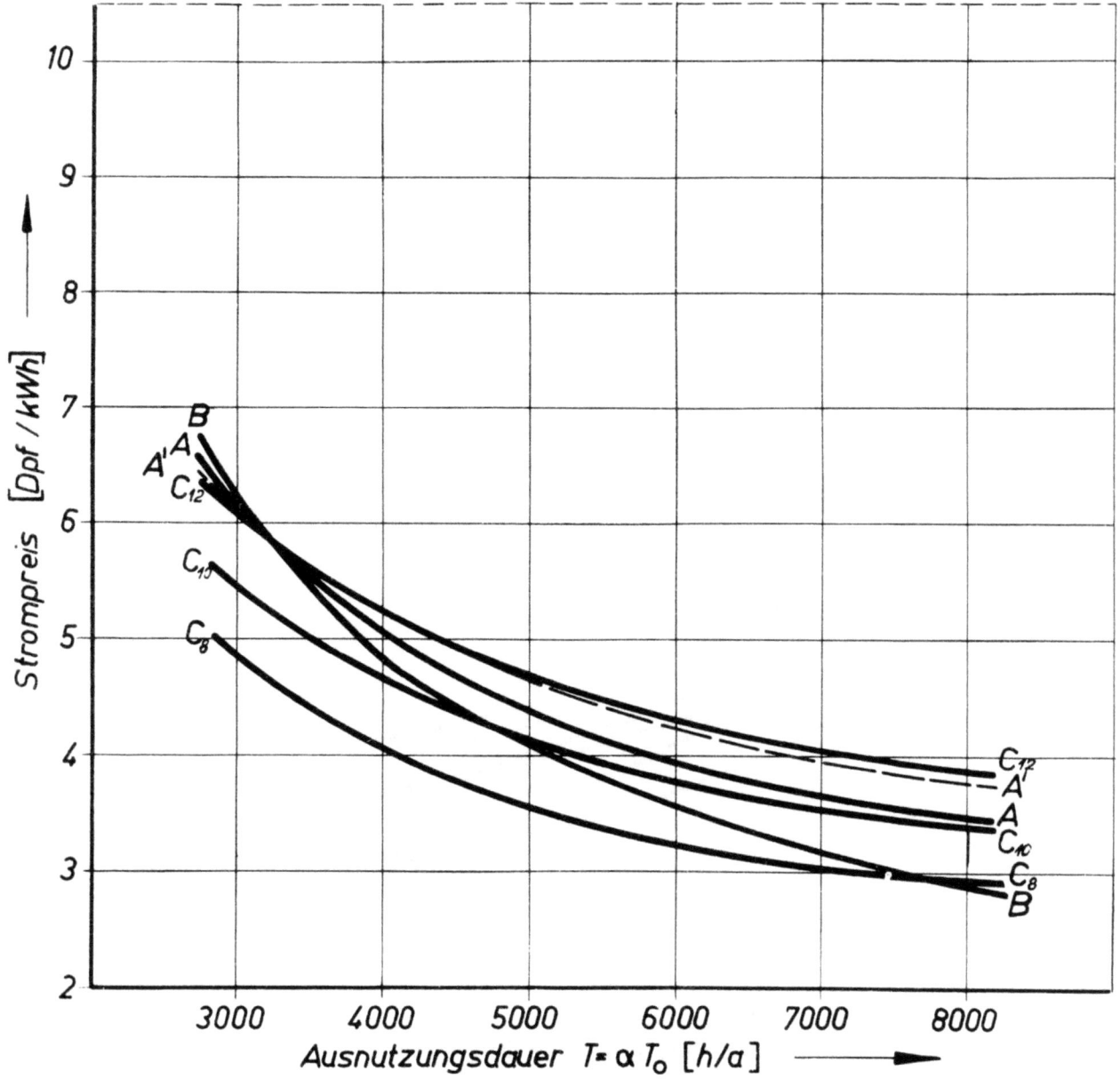

Abbildung 25

Strompreis als Funktion der Ausnutzungsdauer $T = \alpha T_o$
bei 150 MW Nettoleistung, 8 % Kapitaldienst, 4 % Zinssatz;
Inbetriebnahme 1963

A = am. Siedewasserreaktoranlage; A' = am. organ.-mod. Reaktoranlage;
B = brit. Anlage v. verbess. CH-Typ; C_p = konv. Wärmekraftwerke mit
Wärmepreis P $[DM/10^6 \text{ kcal}]$

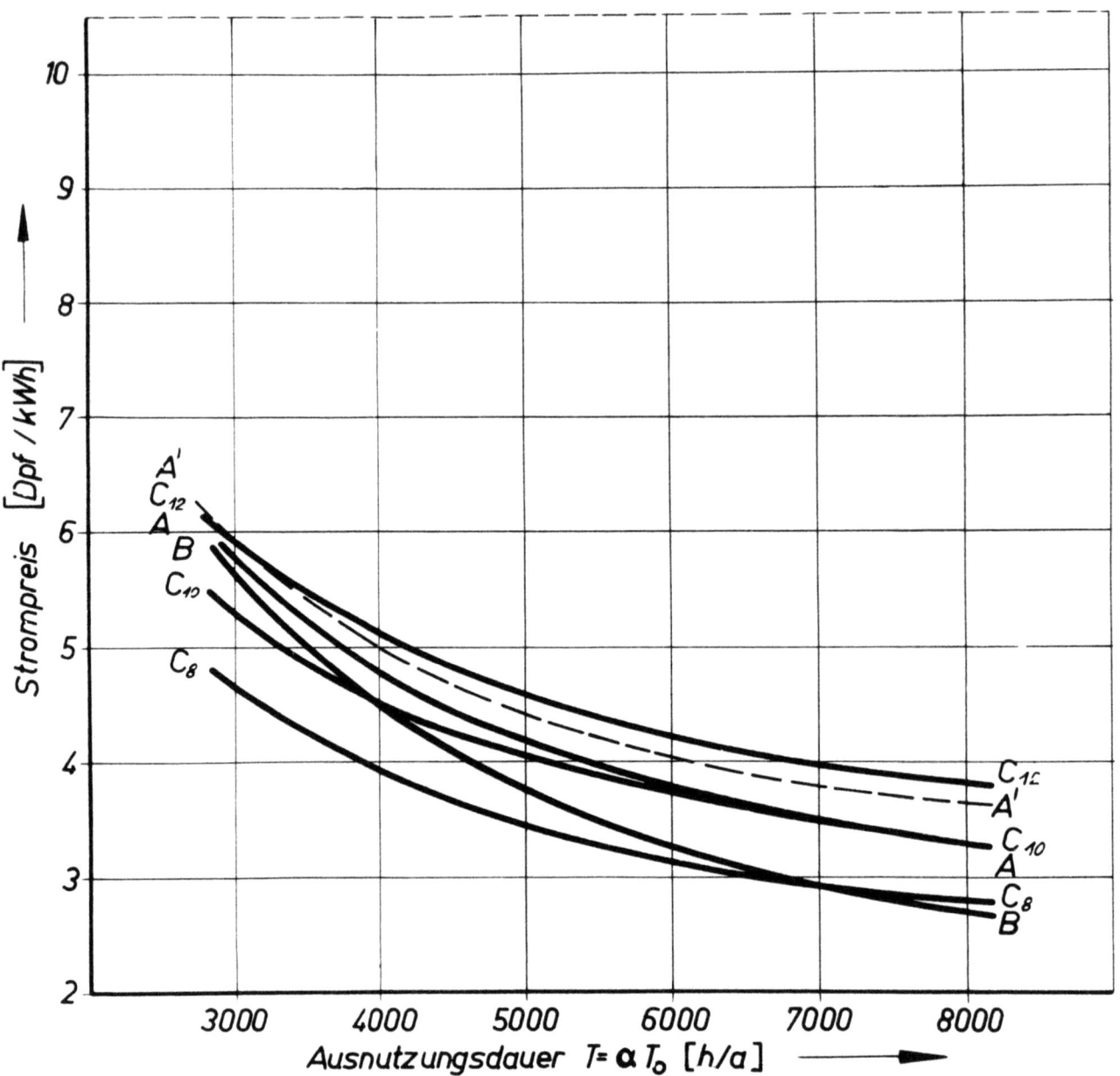

Abbildung 26

Strompreis als Funktion der Ausnutzungsdauer $T = \alpha T_o$
bei 200 MW Nettoleistung, 8 % Kapitaldienst, 4 % Zinssatz;
Inbetriebnahme 1963

A = am. Siedewasserreaktoranlage, A' = am. organ.-mod. Reaktoranlage;
B = brit. Anlage v. verbess. CH-Typ; C_p = konv. Wärmekraftwerke mit
Wärmepreis P $[DM/10^6 \text{ kcal}]$

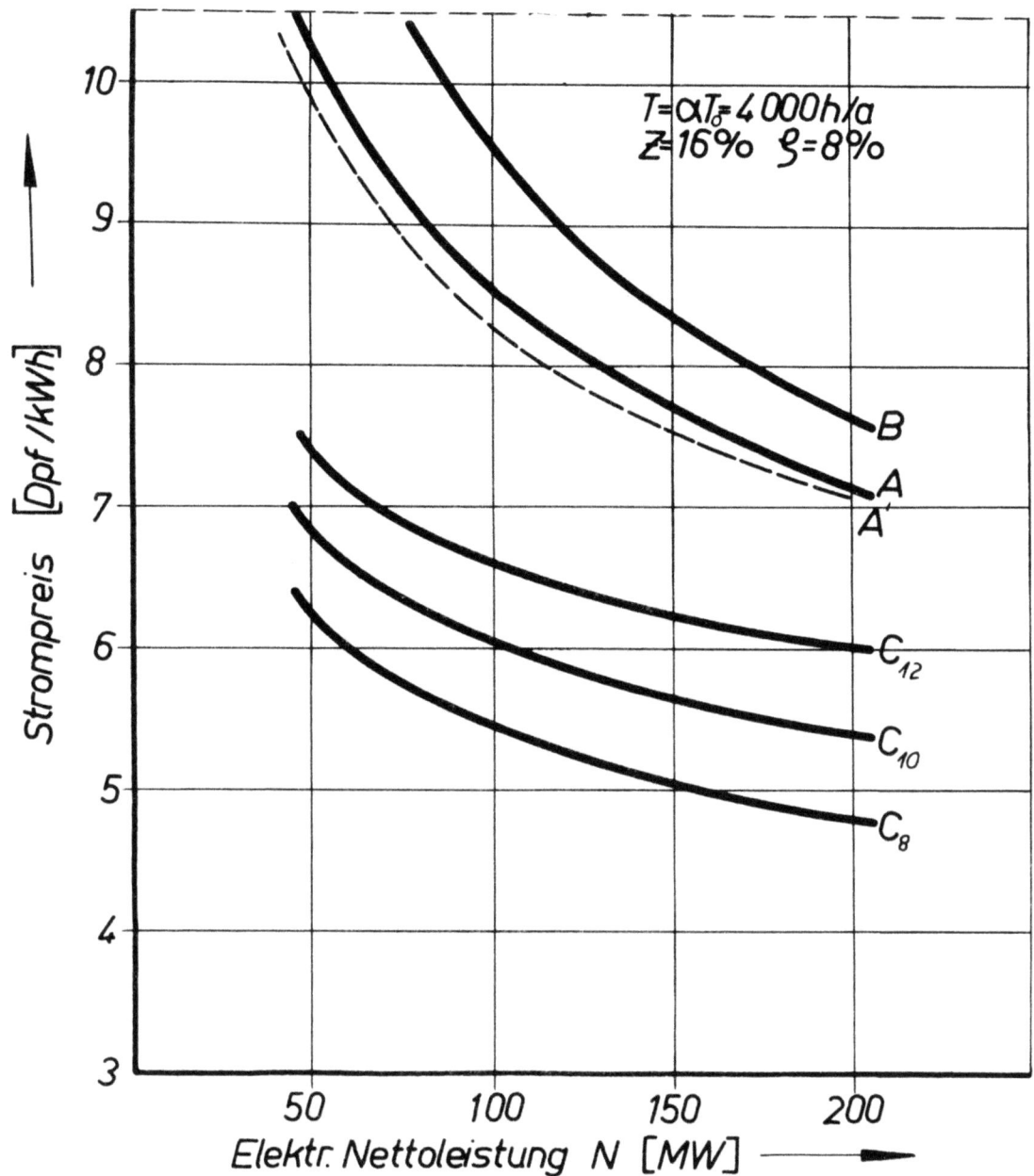

Abbildung 27

Der Strompreis als Funktion der Nettokapazität (bei T = 4000 h/a)

Kapitaldienst 16 %, Zinssatz 8 %;

Inbetriebnahme 1963

A = am. Siedewasserreaktoranlage; A' = am. organ.-mod. Reaktoranlage;
B = brit. Anlage v. verbess. CH-Typ; C_P = konv. Wärmekraftwerke mit Wärmepreis P [DM/10^6 kcal]

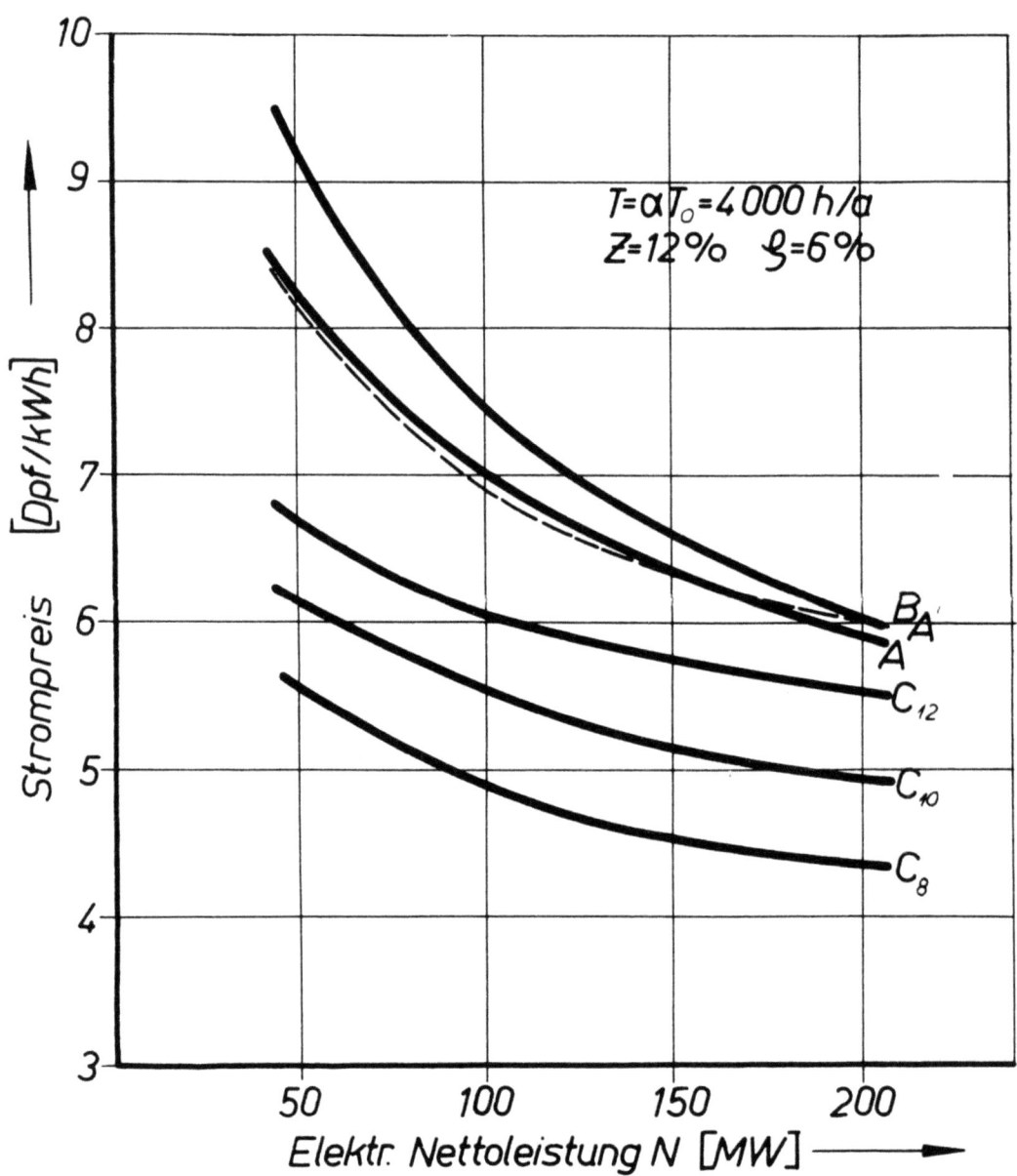

Abbildung 28

Der Strompreis als Funktion der Nettokapazität (bei T = 4000 h/a)

Kapitaldienst 12 %, Zinssatz 6 %;

Inbetriebnahme 1963

A = am. Siedewasserreaktoranlage; A' = am. organ.-mod. Reaktoranlage;
B = brit. Anlage v. verbess. CH-Typ; C_P = konv. Wärmekraftwerke mit Wärmepreis P [DM/10^6 kcal]

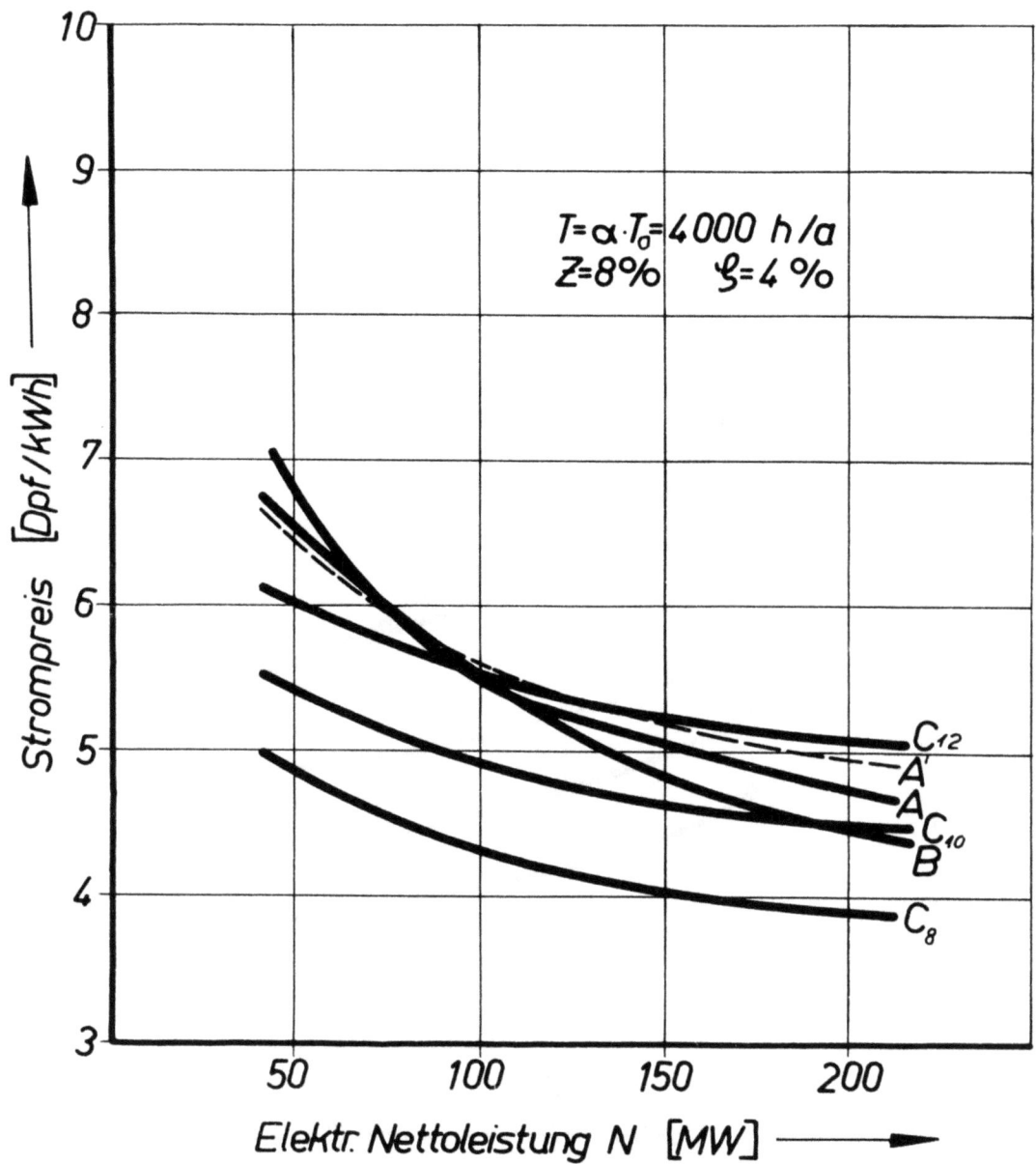

Abbildung 29

Der Strompreis als Funktion der Nettokapazität (bei T = 4000 h/a)

Kapitaldienst 8 %, Zinssatz 4 % ;

Inbetriebnahme 1963

A = am. Siedewasserreaktoranlage; A' = am. organ.-mod. Reaktoranlage;
B = brit. Anlage v. verbess. CH-Typ; C_p = konv. Wärmekraftwerke mit
Wärmepreis P [DM/10^6 kcal]

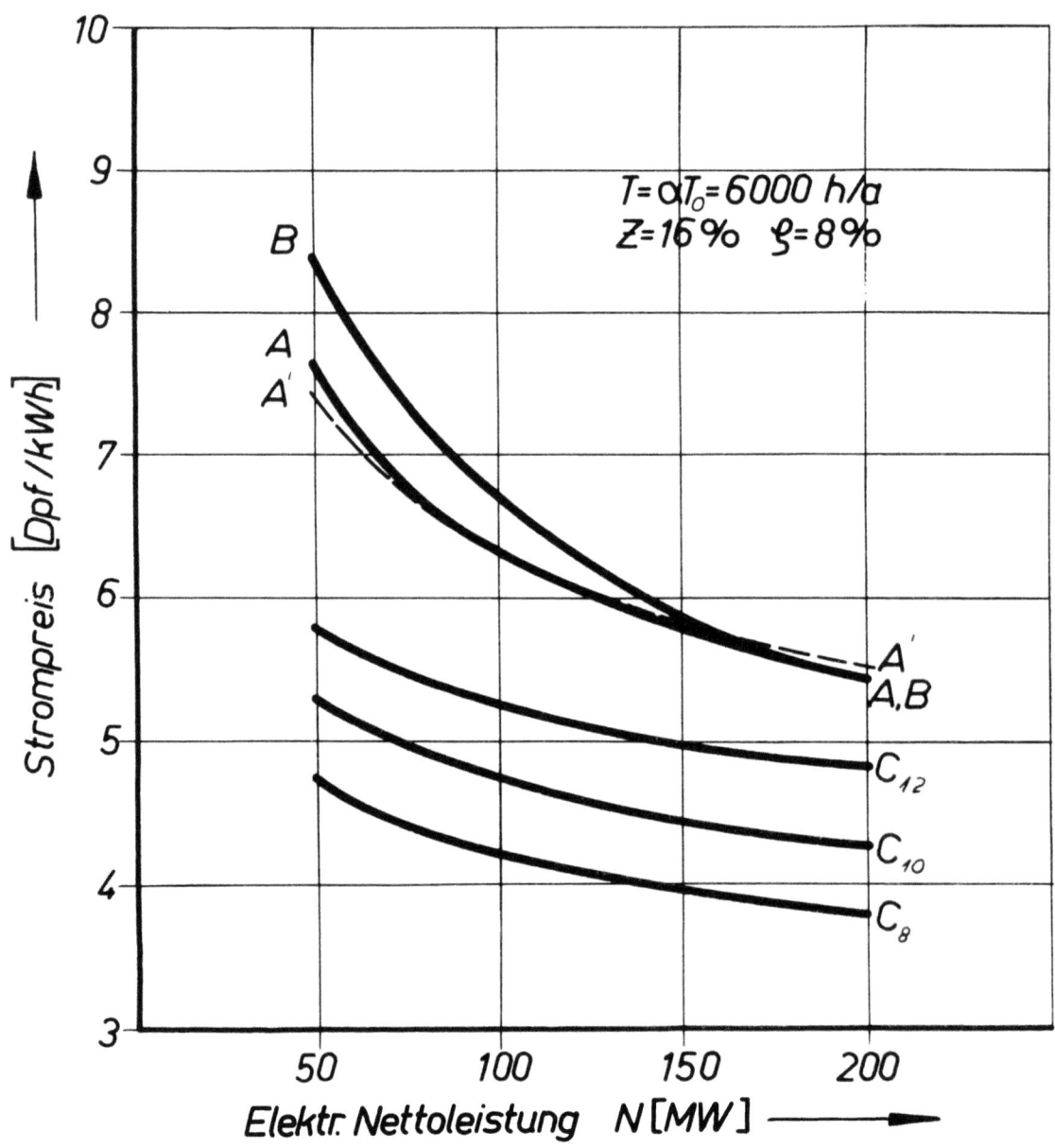

Abbildung 30

Der Strompreis als Funktion der Nettokapazität (bei T = 6000 h/a)

Kapitaldienst 16 %, Zinssatz 8 %;

Inbetriebnahme 1963

A = am. Siedewasserreaktoranlage; A' = am. organ.-mod. Reaktoranlage;
B = brit. Anlage v. verbess. CH-Typ; C_p = konv. Wärmekraftwerke mit
Wärmepreis P $[DM/10^6 \text{ kcal}]$

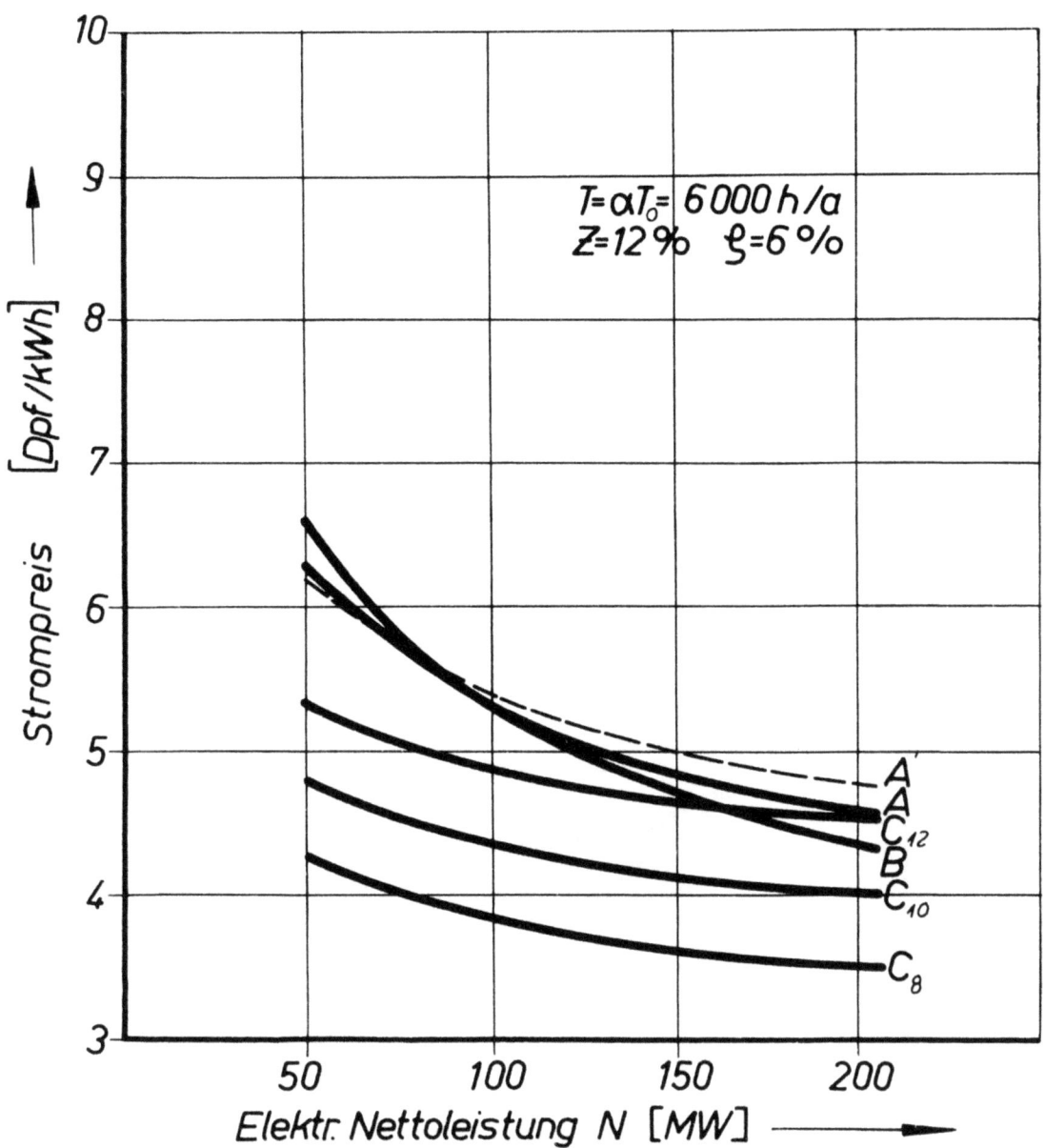

Abbildung 31

Der Strompreis als Funktion der Nettokapazität (bei T = 6000 h/a)

Kapitaldienst 12 %, Zinssatz 6 %;

Inbetriebnahme 1963

A = am. Siedewasserreaktoranlage; A' = am. organ.-mod. Reaktoranlage;
B = brit. Anlage v. verbess. CH-Typ; C_P = konv. Wärmekraftwerke mit Wärmepreis P $[DM/10^6 \text{ kcal}]$

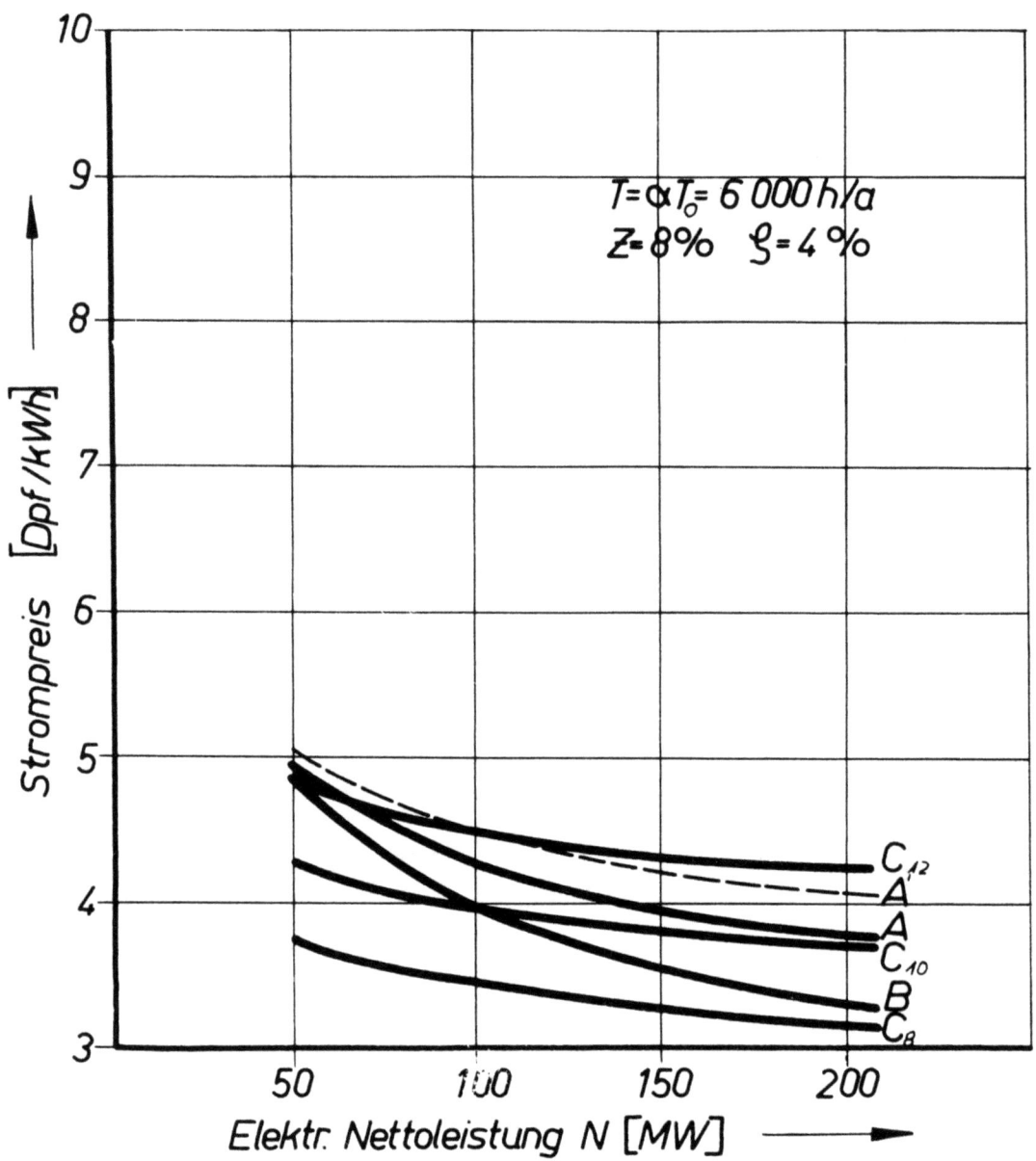

Abbildung 32

Der Strompreis als Funktion der Nettokapazität (bei T = 6000 h/a)

Kapitaldienst 8 %, Zinssatz 4 %;

Inbetriebnahme 1963

A = am. Siedewasserreaktoranlage; A' = am. organ.-mod. Reaktoranlage;
B = brit. Anlage v. verbess. CH-Typ; C_P = konv. Wärmekraftwerke mit
Wärmepreis P [DM/10^6 kcal]

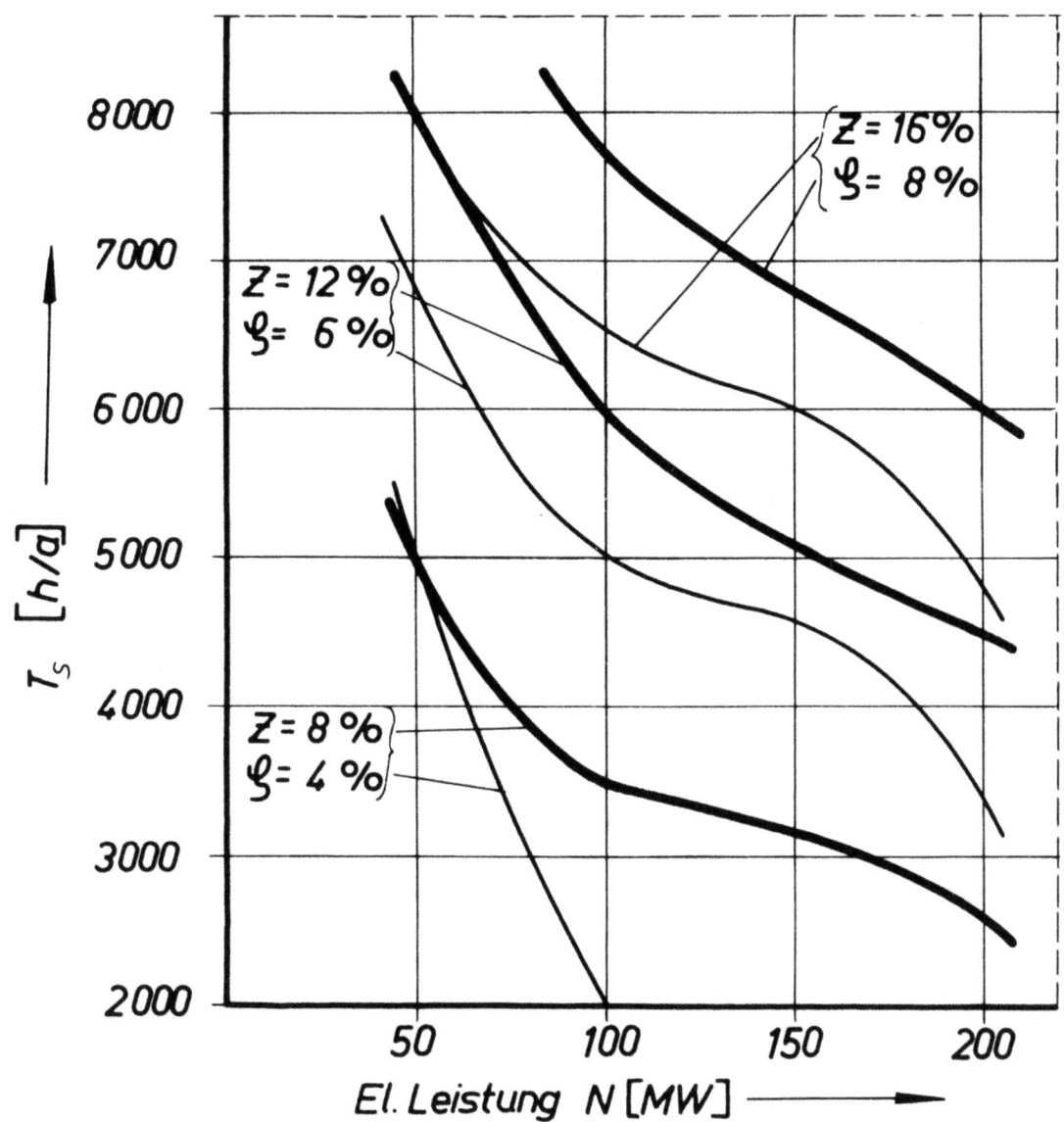

Abbildung 33

Kostenschnittpunkte für Kernkraftwerke verschiedenen Typs
━━━ Siedewasserreaktor im Vergleich zu verbess. Calder Hall-Typ
─── organ.-mod. Reaktor im Vergleich zum Siedewasserreaktor.
Oberhalb T_S ist der jeweils erstgenannte Typ günstiger,
unterhalb T_S der zweitgenannte

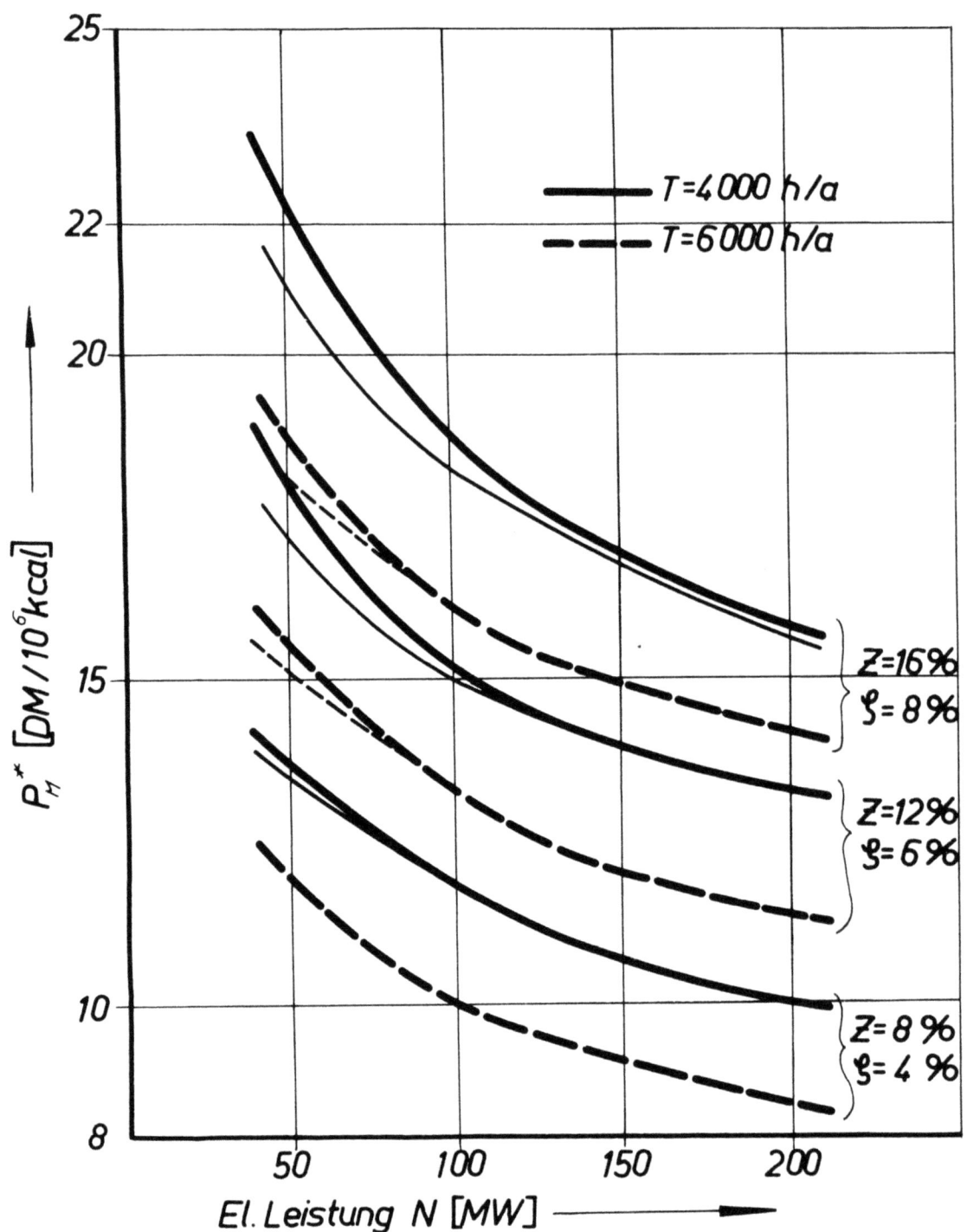

Abbildung 34
Gleichwertiger Wärmepreis für Brennstoffe
konv. Kraftwerke im Vergleich zu Kernkraftwerken.
Inbetriebnahme 1963 (dünne Linien berücksicht. auch org.mod. Reaktor)

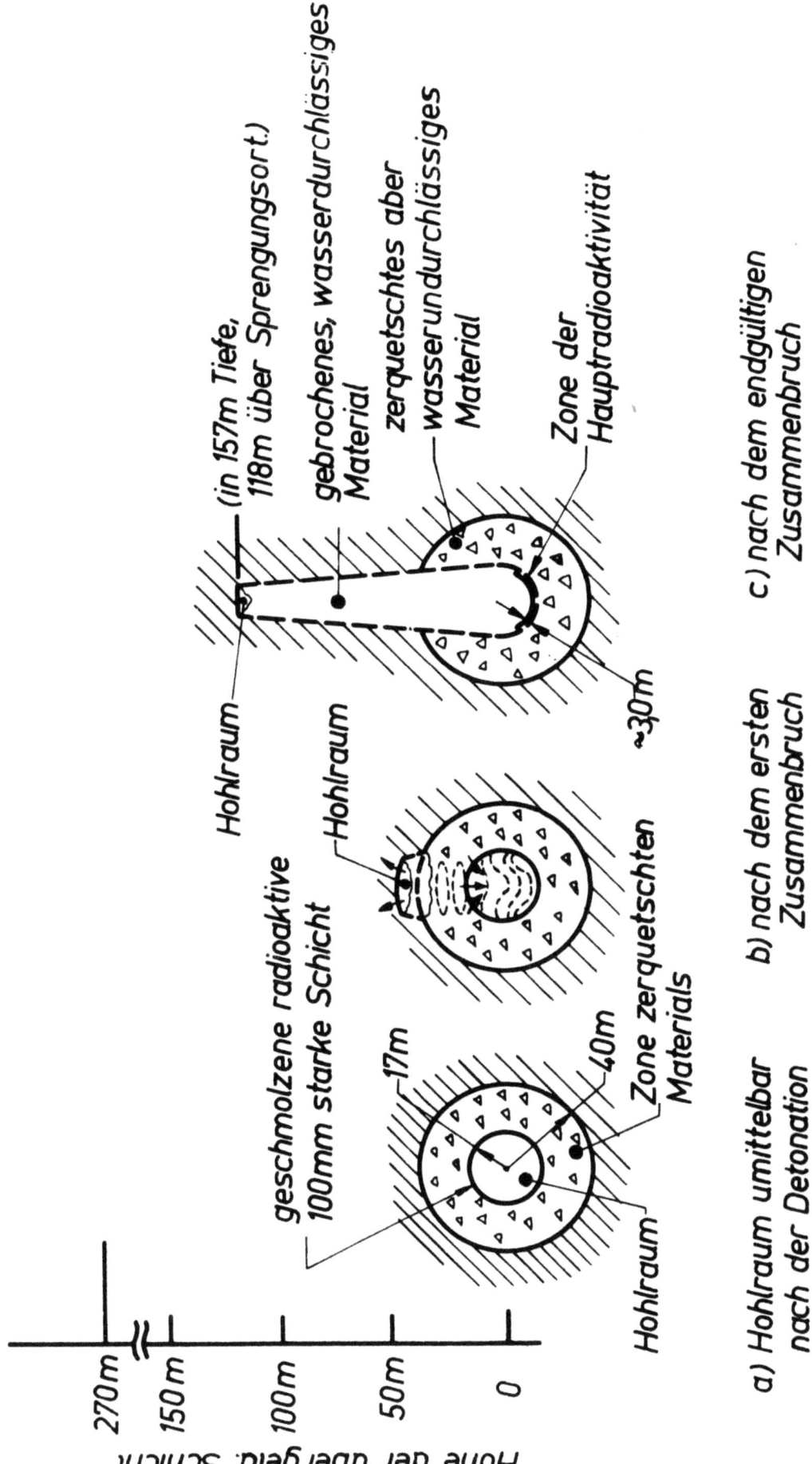

Abbildung 35

Zustandsphasen nach dem "Rainier"-Experiment

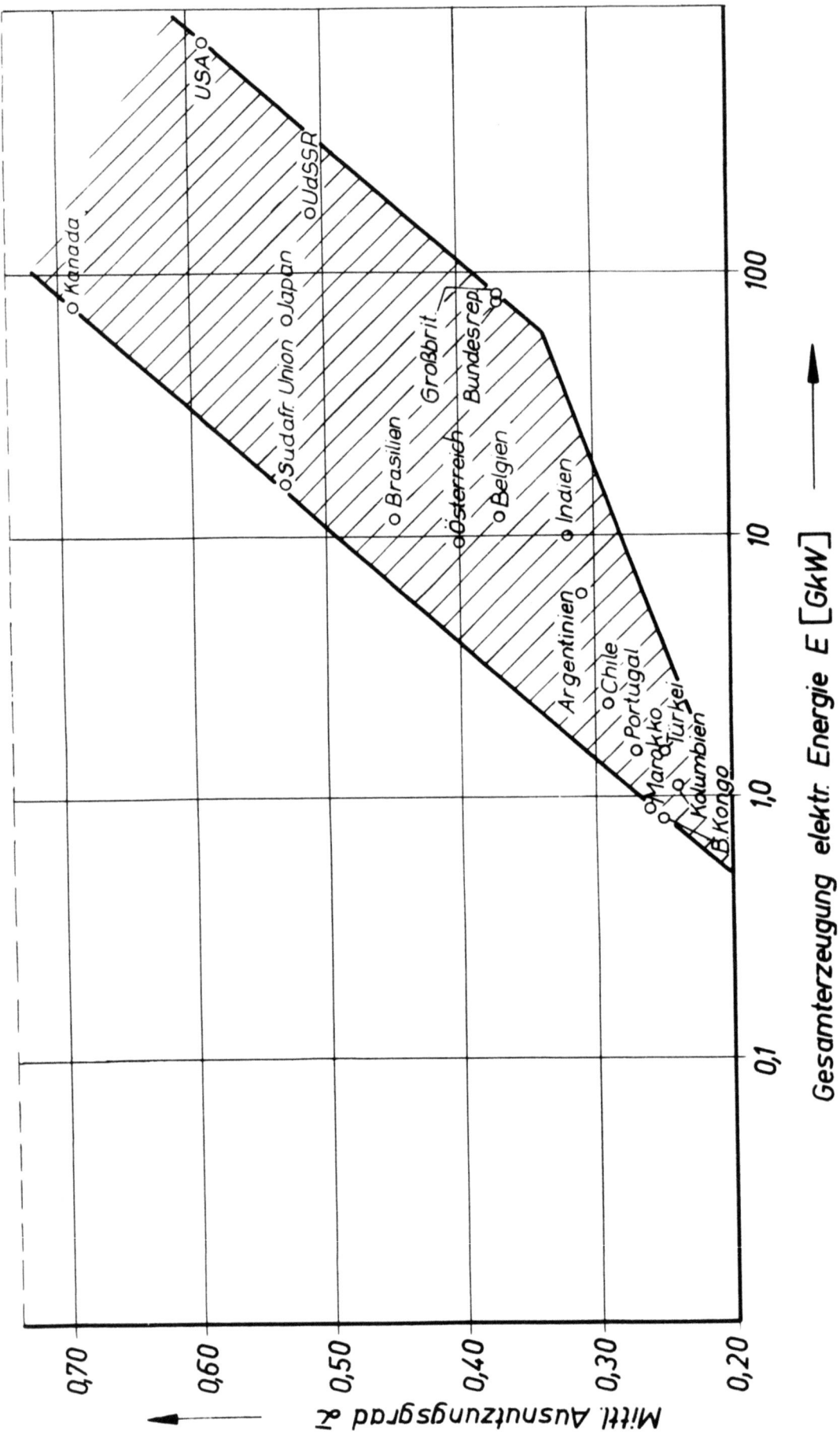

Abbildung 36

Der mittlere Ausnutzungsgrad aller Elektrizitätserzeuger eines Landes als Funktion der Gesamterzeugung elektrischer Energie

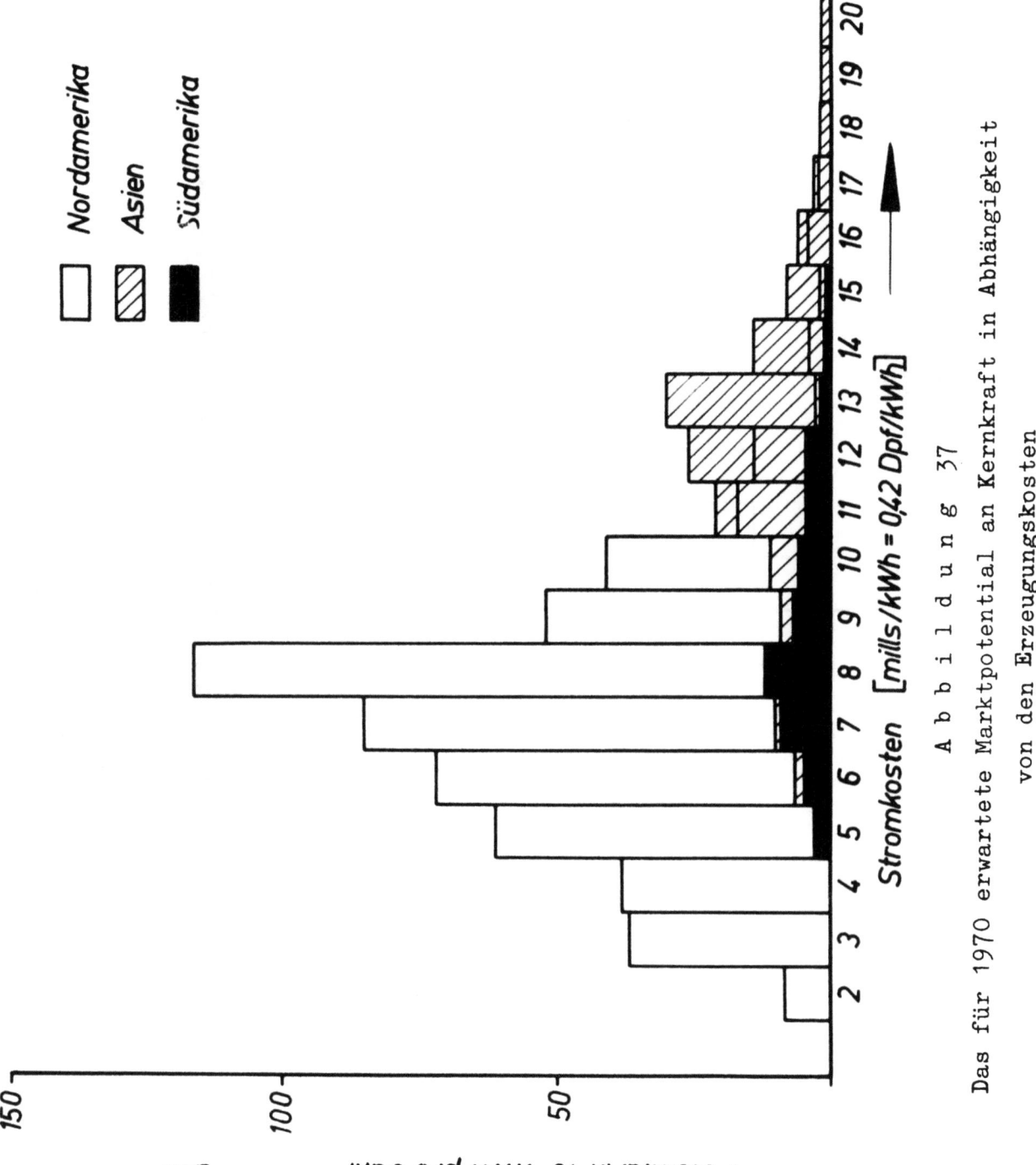

Abbildung 37

Das für 1970 erwartete Marktpotential an Kernkraft in Abhängigkeit von den Erzeugungskosten

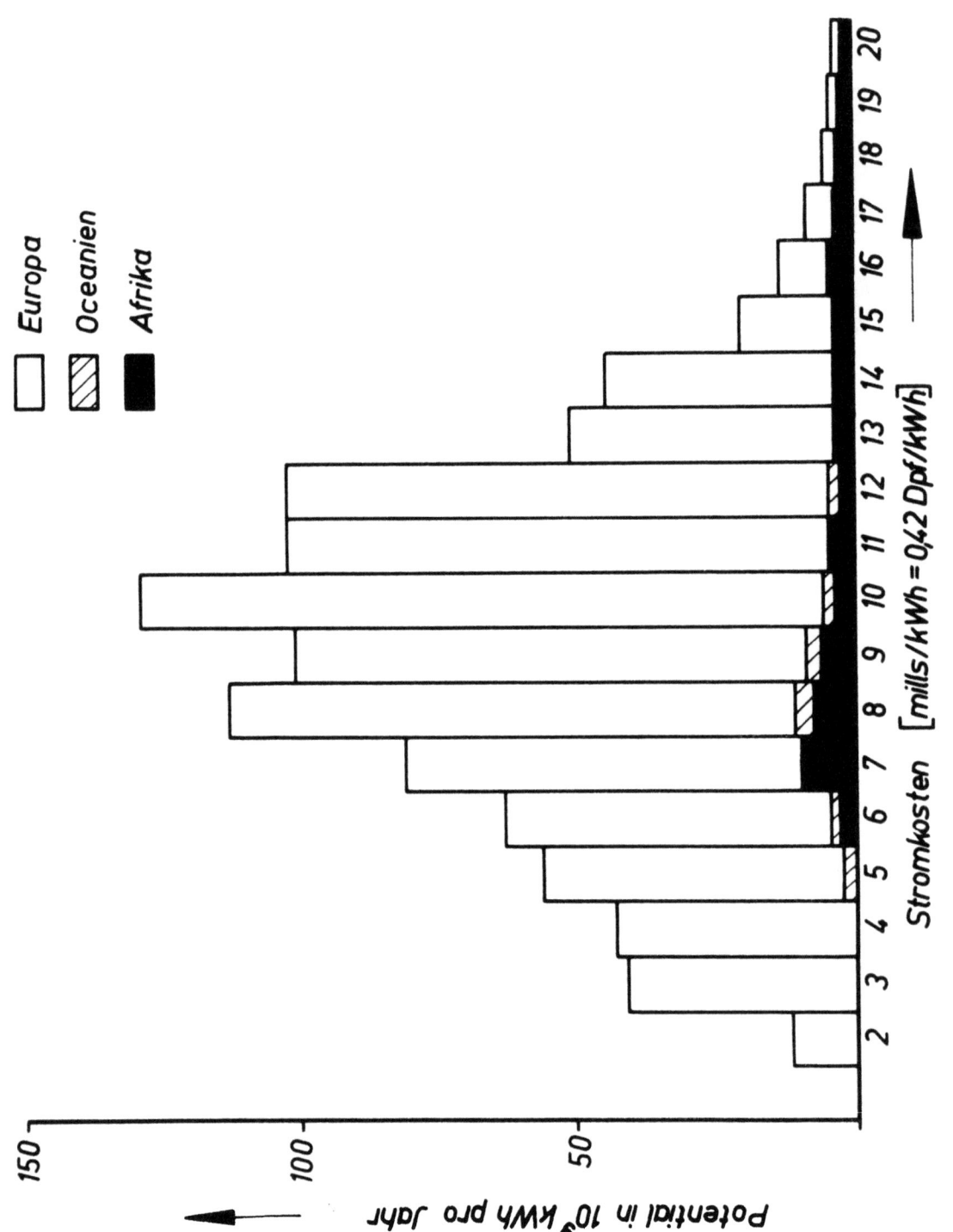

Abbildung 38

Das für 1970 erwartete Marktpotential an Kernkraft in Abhängigkeit von den Erzeugungskosten

FORSCHUNGSBERICHTE DES LANDES NORDRHEIN-WESTFALEN

Herausgegeben durch das Kultusministerium

WIRTSCHAFTSWISSENSCHAFTEN

HEFT 124
Prof. Dr. R. Seyffert, Köln
Wege und Kosten der Distribution der Hausratwaren im Lande Nordrhein-Westfalen
1955, 74 Seiten, 25 Tabellen, DM 9,—

HEFT 217
Rationalisierungskuratorium der Deutschen Wirtschaft (RKW), Frankfurt/Main
Typenvielzahl bei Haushaltgeräten und Möglichkeiten einer Beschränkung
1956, 328 Seiten, 2 Abb., 181 Tabellen, DM 49,50

HEFT 222
Dr. L. Köllner, Münster und Dipl.-Volkswirt M. Kaiser, Bochum
Die internationale Wettbewerbsfähigkeit der westdeutschen Wollindustrie
1956, 214 Seiten, 5 Abb., DM 39,50

HEFT 288
Dr. K. Brücker-Steinkuhl, Düsseldorf
Anwendung mathematisch-statischer Verfahren in der Industrie
1956, 103 Seiten, 27 Abb., 14 Tabellen, DM 24,20

HEFT 323
Prof. Dr. R. Seyffert, Köln
Wege und Kosten der Distribution der Textilien, Schuh- und Lederwaren
1956, 98 Seiten, 37 Tabellen, 1 Falttafel, DM 12,—

HEFT 353
Forschungsinstitut für Rationalisierung, Abt. Dokumentation, Aachen
Schlagwortregister zur Rationalisierung
1957, 376 Seiten, DM 56,—

HEFT 364
Prof. Dr. Th. Beste, Köln
Die Mehrkosten bei der Herstellung ungängiger Erzeugnisse im Vergleich zur Herstellung vereinheitlichter Erzeugnisse
1957, 352 Seiten, DM 50,—

HEFT 365
Prof. Dr. G. Ipsen, Dr. W. Christaller, Dr. W. Köttmann und Dr. R. Mackensen, Sozialforschungsstelle an der Universität Münster zu Dortmund
Standort und Wohnort
1957, Textband: 350 Seiten, 28 Karten, 73 Tab.
Anlageband: 15 Karten, 21 Tab., DM 99,—

HEFT 437
Dr. I. Meyer, Köln
Geldwertbewußtsein und Münzpolitik. — Das sogenannte Gresham'sche Gesetz im Lichte der ökonomischen Verhaltensforschung
1957, 80 Seiten, DM 20,30

HEFT 451
Prof. Dr. G. Schmölders, Köln
Rationalisierung und Steuersystem
1957, 78 Seiten, DM 17,15

HEFT 469
Dr. sc. agr. F. Riemann und Dipl.-Volksw. R. Hengstenberg, Göttingen
Zur Industrialisierung kleinbäuerlicher Räume
1957, 130 Seiten, 5 Karten, 23 Tabellen, DM 27,—

HEFT 477
Sozialforschungsstelle an der Universität Münster zu Dortmund
Beiträge zur Soziologie der Gemeinden. Teil I:
Dr. K. Utermann, Dortmund
Freizeitprobleme bei der männlichen Jugend einer Zechengemeinde
1957, 56 Seiten, DM 12,75

HEFT 563
Sozialforschungsstelle an der Universität Münster zu Dortmund
Beiträge zur Soziologie der Gemeinde im Ruhrgebiet. Teil II:
Dr. D. v. Oppen, Dortmund
Familien in ihrer Umwelt
1958, 104 Seiten, DM 26,10

HEFT 564
Sozialforschungsstelle an der Universität Münster zu Dortmund
Beiträge zur Soziologie der Gemeinde im Ruhrgebiet. Teil III:
Dr. H. Croon, Bochum
Das Gemeindewahlrecht im Rheinland und Westfalen im 19. Jahrhundert
in Vorbereitung

HEFT 565
Sozialforschungsstelle an der Universität Münster zu Dortmund
Beiträge zur Soziologie der Gemeinde im Ruhrgebiet Teil IV
Dr. K. Hahn
Die kommunale Neuordnung des Ruhrgebietes, dargestellt am Beispiel Dortmunds
für die Veröffentlichung bearbeitet von *Dr. R. Mackensen*
1958, 154 Seiten, 14 Karten, DM 42,80

HEFT 566
Dr. H. Klages, Dortmund
Der Nachbarschaftsgedanke und die nachbarliche Wirklichkeit in der Großstadt
1958, 256 Seiten, 26 Tabellen, 1 Faltkarte, DM 47,—

HEFT 572
Dipl.-Kfm. Dipl.-Volksw. Dr. J.-B. Felten, Köln
Wert und Bewertung ganzer Unternehmungen unter besonderer Berücksichtigung der Energiewirtschaft
1958, 144 Seiten, DM 33,60

HEFT 591
Dr. Schairer, Köln
Aufgabe, Struktur und Entwicklung der Stiftungen
1958, 50 Seiten, DM 16,40

HEFT 592
Verein zur Förderung des Forschungsinstituts für Rationalisierung an der Rhein.-Westf. Technischen Hochschule Aachen
Das Forschungsinstitut für Rationalisierung an der Rhein.-Westf. Technischen Hochschule Aachen
1959, 74 Seiten, 33 Abb., DM 20,—

HEFT 601
W. Barbo und E. Stiller, Köln
Die Lage des Technisch-Wissenschaftlichen Nachwuchses und der Technisch-Wissenschaftlichen Hochschulen in der Bundesrepublik
1958, 32 Seiten, DM 8,80

HEFT 602
H. v. Stebut, Köln
Die Hochschulen in der Aufwärtsentwicklung Westdeutschlands
1958, 38 Seiten, DM 10,20

HEFT 604
Dipl.-Ing. H. Gröttrup, Aachen
Studienanalyse halbautomatischer Dokumentationsselektoren
1958, 112 Seiten, 50 Abb., 12 Tabellen, DM 28,50

HEFT 607
Dr. H. Schlachter, Münster
Die Wettbewerbslage der westdeutschen Juteindustrie
1958, 136 Seiten, 35 Tabellen, DM 32,—

HEFT 624
Finanzwissenschaftliches Forschungsinstitut an der Universität Köln
Progression und Regression
1958, 70 Seiten, 4 Abb., 3 Tabellen, DM 17,40

HEFT 636
Prof. Dr.-Ing. J. Mathieu und Dr. phil. S. Barlen, Aachen
Richtwerte für Zeitaufwand und Kosten von Dokumentationsarbeiten
1958, 54 Seiten, DM 16,20

HEFT 641
Prof. Dr.-Ing. J. Mathieu und Dr. phil. M. Gnielinski, Aachen
Die industrielle Produktivität in neuerer Sicht
1958, 132 Seiten, 16 Abb., 31 Tabellen, DM 31,70

HEFT 650
Dr. phil. nat. H. A. Elsner, Aachen
Aufbau einer Fachdokumentation aus vorhandenen Referatdiensten
1958, 36 Seiten, 1 Abb., 2 Tabellen, DM 12,10

HEFT 658
Dipl.-Kfm. Dr. Grupe, Köln
Public Relations in der öffentlichen Energieversorgung
1958, 48 Seiten, DM 12,25

HEFT 677
Dr. sc. agr. F. Riemann, Dipl.-Volksw. R. Hengstenberg und Dipl.-Ldw. G. Bunge, Göttingen
Der ländliche Raum als Standort industrieller Fertigung
1959, 196 Seiten, und viele Tabellen, DM 46,40

HEFT 678
Dipl.-Volksw. Dr. O. Blume, Dipl.-Volksw. J. Heidermann und Dipl.-Hdl. Dr. E. Kuhlmeyer Köln
Wirtschaftsorganisatorische Wege zum gemeinsamen Eigentum und zur gemeinsamen Verantwortung der Arbeitnehmer I. und II. Teil
1959, 404 Seiten, DM 60,—

HEFT 715
Dr. E. Wedekind, Krefeld
Die Auftragsplanung und Arbeitsorganisation in gewerblichen Wäschereien
1959, 116 Seiten, 25 Abb., DM 29,50

HEFT 721
F. E. Nord, Köln
Der Stifterverband für die Deutsche Wissenschaft und die Begabtenförderung an den wissenschaftlichen Hochschulen
1959, 30 Seiten, DM 8,40

HEFT 729
Forschungsinstitut für Internationale Technische Zusammenarbeit (F.I.Z.) an der Rheinisch-Westfälischen Technischen Hochschule, Aachen
Wirtschaftliche, technische und soziale Probleme im neuen Indien. Vorträge zur Eröffnung der Deutsch-Indischen Ausstellung in Aachen am 14. November 1958
1959, 96 Seiten, 28 Abb., DM 24,70

HEFT 751
Prof. Dr. Dr. h. c. R. Seyffert, Köln
Wege und Kosten der Distribution von Konsumwaren des Pflege- und Heilbedarfs, Arbeits- und Betriebsmittelbedarfs, Bildungs- und Unterhaltungsbedarfs, Schmuck- und Zierbedarfs, Wohnbedarfs
1959, 102 Seiten, 29 Tabellen, DM 14,—

HEFT 758
Prof. A. P. Sanchez-Concha, Ph. D., LL. D., Aachen
Über den Begriff der industriellen Arbeit
1959, 16 Seiten, DM 5,40

HEFT 766
Dr.-Ing. Dr. W. Grosse, Bonn
Internationale Organisationen der Naturwissenschaft und Technik und ihre Zusammenarbeit. Teil I
1956, 20 Seiten, 6 Abb., 5 Tabellen, DM 6,50

HEFT 767
Dr.-Ing. W. Grosse, Bonn
Internationale Organisationen der Naturwissenschaft und Technik und ihre Zusammenarbeit. Teil II
in Vorbereitung

HEFT 769
Dr. Ph. Schmidt-Schlegel, Aachen
Deutsch-Bolivianische technische Zusammenarbeit.
Die Gutachten der 1956/57 nach Bolivien entsandten
deutschen Sachverständigen und ihre Auswertung
1959, 266 Seiten, 32 Abb., zahlr. Tab., DM 55,—

HEFT 776
Dr. O. Neuloh und Dr. H. Wiedemann
Arbeiter und technischer Fortschritt

HEFT 778
Dr. phil. M. Gnielinski, Aachen
Zur Einführung der Statistischen Qualitätskontrolle in
Mittel- und Kleinbetrieben, Vorschläge und Hilfsmittel
1959, 36 Seiten, DM 10,—

HEFT 793
Dipl.-Ing. Walter Rohmert, Dortmund
Statische Belastung bei gewerblicher Arbeit
Teil II
Dr. med. Dr. phil. Gerd Jansen, Dortmund
Grundsätzliche Bemerkungen über die experimentelle
Lärmforschung

HEFT 795
Rüdiger von Tresckow, Aachen
Versuch einer Darstellung des Strukturwandels und des
Konjunkturverlaufs in der Weltmaschinenausfuhr in die
Entwicklungsländer
1959, 68 Seiten, 20 Abb., mehr. Tab., DM 17,60

HEFT 805
H. Seligo, Aachen
Der Zweite Portugiesische Sechsjahresplan
1959, 150 Seiten, 20 Tab., DM 37,80

HEFT 813
Dipl.-Landwirt C. T. Hinrichs, Aachen
Landwirtschaft und Tierzucht in Bolivien
1959, 104 Seiten, 13 Abb., DM 26,70

HEFT 819
Dipl.-Volkswirt Dr. H. H. Kaup, Münster
Einkommen und Textilverbrauch

HEFT 827
Dr.-Ing. E. Sattler, Verband Deutscher Streichgarnspinner, Düsseldorf
Disposition mit Arbeitsvorbereitung und Vertriebsvorbereitung in der einstufigen (Verkaufs-) Streichgarnspinnerei

HEFT 828
C. Brzeskiewicz, Verband der Deutschen Tuch- und Kleiderstoffindustrie e. V., Köln, im Verein mit dem Ausschuß für wirtschaftliche Fertigung e. V., Düsseldorf
Disposition mit Arbeitsvorbereitung und Vertriebsvorbereitung in der Tuch- und Kleiderstoffindustrie

HEFT 838
Dipl.-Landw. C. Th. Hinrichs, Aachen
Die Landwirtschaft und Viehzucht in Tunesien

Ein Gesamtverzeichnis der Forschungsberichte, die folgende Gebiete umfassen, kann bei Bedarf vom Verlag angefordert werden:
Acetylen / Schweißtechnik – Arbeitspsychologie und -wissenschaft – Bau / Steine / Erden – Bergbau – Biologie – Chemie – Eisenverarbeitende Industrie – Elektrotechnik / Optik – Fahrzeugbau / Gasmotoren – Farbe / Papier / Photographie – Fertigung – Gaswirtschaft – Hüttenwesen / Werkstoffkunde – Luftfahrt / Flugwissenschaften – Maschinenbau – Medizin / Pharmakologie / Physiologie – NE-Metalle – Physik – Schall / Ultraschall – Schiffahrt – Textiltechnik / Faserforschung / Wäschereiforschung – Turbinen – Verkehr – Wirtschaftswissenschaften.

If you have any concerns about our products,
you can contact us on
ProductSafety@springernature.com

In case Publisher is established outside the EU,
the EU authorized representative is:
**Springer Nature Customer Service Center GmbH
Europaplatz 3, 69115 Heidelberg, Germany**

Printed by Libri Plureos GmbH
in Hamburg, Germany